普通高等教育"十三五"规划教材

中国石油和石化工程教材出版基金资助项目

热工实验原理与测试技术

战洪仁　李雅侠　王立鹏　主编

U0264344

中国石化出版社

内 容 提 要

　　热工实验原理与测试技术是热科学的重要组成部分,是能源与动力工程类及相关专业学生必修的一门实验实训课程,是一门与动力机械工程、精密仪器、材料科学、微电子技术、信息技术密切相关的快速发展的学科,是热工类工程师必须掌握的技能。本书强化实验原理,突出测试技术的训练,注重实验数据分析能力的培养。主要包括物理模型实验方法、数据处理的基本知识、测量技术、热工技术基础实验、热工综合性实训等内容。

　　本书可作为高等院校能源、动力、冶金、建材等相关专业的实验教材,也可供自学者和相关技术人员参考。

图书在版编目(CIP)数据

　　热工实验原理与测试技术／战洪仁,李雅侠,王立鹏主编.—北京:中国石化出版社,2019.8
　　普通高等教育"十三五"规划教材
　　ISBN 978-7-5114-5336-5

　　Ⅰ.①热… Ⅱ.①战… ②李…③王…Ⅲ.①热工试验-高等学校-教材②热工测量-高等学校-教材Ⅳ.①TK122 ②TK31

　　中国版本图书馆 CIP 数据核字(2019)第 140654 号

中国石化出版社出版发行
地址:北京市朝阳区吉市口路 9 号
邮编:100020　电话:(010)59964500
发行部电话:(010)59964526
http://www.sinopec-press.com
E-mail:press@ sinopec.com
北京富泰印刷有限责任公司印刷
＊
787×1092 毫米 16 开本 8.75 印张 214 千字
2019 年 8 月第 1 版　2019 年 8 月第 1 次印刷
定价:28.00 元

前　　言

　　热工实验原理和测试技术是热科学和能源工程学的重要组成部分，也是测量科学和技术的一个重要分支，是能源动力领域的综合性实验学科，是实验设计的依据和思路。本书全面介绍了热工实验原理和测试技术知识，主要包括测量原理、方法以及数据处理的基本知识，帮助读者了解热工实验原理、主要方法，相关设备的使用方法及检测技巧，培养读者最基本的实验技能。使读者掌握热工实验的各类基本原理和实验方法及测试技术，学会进行实验研究的方法，培养独立工作能力、动手能力、处理工程实际问题的能力及实事求是和尊重科学的习惯和思维方法，为今后从事相关类型的工作和学习打下坚实的理论基础并积累实践经验。本书既可作为高等院校能源、动力、冶金、建材、宇航等相关专业的教材，也可以作为上述专业研究生的教学参考书，对从事测试的科学工作者和工程技术人员也有一定的参考价值。

　　本书共五章。第一章介绍了热工技术实验的概况；第二章主要介绍了相似理论与物理模型试验方法；第三章介绍了测量和实验数据处理的基本知识；第四章介绍了温度、湿度、压力、流量等各种热工参数的测量技术；第五章介绍了各种典型的热工实验，供读者应用时参考。

　　本书由沈阳化工大学战洪仁、李雅侠、王立鹏主编。战洪仁编写第一章、第二章；王立鹏编写第三章、第四章；李雅侠编写第五章。全书由战洪仁统稿。沈阳化工大学金志浩教授在本书的编著过程中提供了详细的指导，提出了许多宝贵意见。沈阳化工大学寇丽萍、王翠华、张先珍等老师为本书的出版做了大量的工作，一并表示衷心的谢意。

　　限于作者水平，加之技术发展迅速，书中会有谬误或不足之处，敬请读者指正。

目　　录

4

第1章 绪 论

1.1 概 述

测试技术对自然科学、工程技术发展的重要性，越来越为人们所认识，它已成为科学研究不可缺少的重要手段。与其他学科一样，在热能与动力工程领域中，测试技术的发展也经历了一个漫长的历程。20世纪50年代以前，参数测量的感受元件较多采用机械式传感器，如弹簧压力表、膨胀式温度计等。进入60年代后，开始应用非电量电测技术和相应的二次仪表，使测试技术上了一个新的台阶。随着计算机与电子技术的发展，测试技术进入了一个新的发展阶段。80年代开始应用计算机和智能化仪表，以实现对动态参数的实时检测和处理；随后，即从20世纪80年代至今，许多新型传感技术的相继出现，诸如激光全息摄影技术、光纤传感技术、红外CT技术、超声波测试技术、虚拟及网络化测量等高新技术，均已逐步深入到热能与动力工程研究的各个领域，用于对燃烧过程、流动过程、燃烧产物的浓度和粒度场、传热传质过程等的高速瞬变动态参数的测量，从而使得对热能与动力工程的研究，从宏观稳态过程深入到微观、瞬变过程。许多研究成果表明，这些高科技的传感技术，加上智能化的二次仪表和计算机的应用，起到了极其重要的作用。由于对热能与动力工程中各种过程内在规律的深入研究，在许多方面已对过去的传统观念做出了新的解释，并有新的发现，从而大大促进了学科的发展。

随着科学技术的进步，热工测试技术不仅已逐步形成一门完整、独立的学科，同时它又发展成为与传感技术、电子及计算机技术、应用数学及控制理论等相互交叉的学科。这一学科的发展，无疑将会大大促进热能与动力工程领域科学研究和应用技术的进步发展。

热工测试技术发展的主要趋势为检测技术智能化、信息处理数字化、控制系统集成化。测试仪器仪表具有进行各种复杂计算和数据处理的能力，可修正由于测量带来的误差，能自检、自校。目前，从显示仪表向传感器、变送器和控制系统扩展，在智能模块的基础上开发带现场总线型执行器、带现场总线接口的智能仪表及数据采集控制卡，将成为热工测试技术的发展方向。

1.2 实验原理与实验目的

1.2.1 实验原理

所谓实验原理是指自然科学和社会科学中具有普遍意义的基本规律，是在大量观察、实践的基础上，经过归纳、概括而得出的。既能指导实践，又必须经受实践的检验。

实验原理是实验设计的依据和思路，是设计性实验的基础，要研究实验，只有明确实验的原理，才能真正掌握实验的关键、操作的要点，进而进行实验的设计、改进和创新。

1.2.2 热工实验目的

热工过程是现代工业生产中的一个最基本过程，其研究方法有理论分析、实验研究和数值计算三种方法。由于实际存在的热工过程十分复杂，即使经过简化，有些问题仍然不能得到定量的解析解，而数值计算也需要有正确的物理模型、热物性参数值和正确的边界条件，因而理论研究和数值方法有很大的局限性，特别是对于一些复杂的热工过程，而且这两种方法的结果往往也需要实验验证才能得到认可。到目前为止，仅用现有的科学理论还无法完全揭示各类热现象的内在规律，因此实验研究仍然是解决各种复杂热工问题的基本手段。

热工实验的目的包括对未知事物的探索、对某些可能要发生的现象的验证、对某些定性事物的定量化表示、对某些过程进行控制与调节等，不管这些实验是为了哪一种具体的目的，只要进行实验，一般都要包括如图 1-1 所示的实验过程。

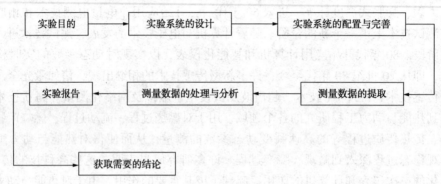

图 1-1 实验过程示意图

通过热工实验使学生具备以下几方面的能力：

① 实验设计能力，即根据具体的实验目的、应用基本科学原理来设计实验系统，配置实验系统的各个环节及其功能。

② 测试技术的训练（能力），即根据所需测量的物理参数来选择合适的传感器、转换装置以及显示输出仪表。

③ 实验数据处理与整理的能力，对测取的数据进行分析、归纳，分辨有效数据与无效数据，对有效数据进行误差分析与数据拟合；对无效数据进行分析并找出造成无效数据的原因，消除这些因素，重新进行实验数据处理。

④ 培养学生的独立工作能力、动手能力及处理工程实际问题的能力。

1.3 热工技术实验特点及研究方法

1.3.1 热工技术实验特点

热工过程是现代工业生产中的一个最基本过程。热工基础理论是研究热能和机械能之间相互转换的基本规律，流体流动和传热过程的特点、机理和计算方法，热工过程中各类物体内部的温度分布和传热量的计算，以及物体表面的热辐射性质和物体之间热量的交换规律。热工技术实验就是解决工程中的各种传热问题，揭示各类热现象的内在规律，以及获得正确的热物理参数。

1.3.2　热工技术实验研究方法

热工技术实验研究方法有实验法和数学模型法两种。

1. 实验法

（1）直接实验法

直接实验法是最初采用的方法，用于数学分析法无法解决的工程问题上。对被研究的对象进行直接观察、实验，由此法所得到的结果是可靠的，但是只适用于特定的实验条件和设备。因此，仅仅能应用到与实验条件完全一致的现象上去。这种研究方法难以抓住现象的本质，所得出的只是个别量之间的关系，这种方法有很大的局限性。

（2）相似原理指导下的模化实验法

由于许多热工过程所遇到的问题很难用数学方法去解决，必须通过实验来研究。而实际中直接实验方法有很大的局限性，如对于锅炉设备，由于温度、压力和尺寸的限制，很难进行直接实验。而且直接实验结果只适用于某些特定条件，并不具有普遍意义，因而即使花费巨大，也难以揭示现象的物理本质和描述其中各量之间的规律性关系。为了避免直接实验的局限性，采用以相似原理为基础的模型实验方法，即先在模型实验台上进行实验，然后根据相似原理整理实验数据，找出模型中的热工过程规律，再将这些规律推广到与实验模型相似的各种实际设备中去。这种用不同于实物几何尺度的模型来研究实际装置中所进行的物理过程的实验称为模化实验。由于模型中的实验结果最终要应用到实物中去，因此应使模型中的过程与实际装置中的过程相似，这就要求我们应在相似原理指导下来安排实验，这是目前解决难以作出数学描述的复杂问题的有效方法。

相似是指组成模型的每个要素必须与原型的对应要素相似，包括几何要素和物理要素，其具体表现为由一系列物理量组成的场对应相似。对于同一个物理过程，若两个物理现象的各个物理量在各对应点上以及各对应瞬间大小成比例，且各矢量的对应方向一致，则称这两个物理现象相似。

相似原理的基本内容为：① 相似的物理现象的同名准则数必定相等。② 同一类现象中相似特征数的数量之间存在一定的关系。③ 两个同类物理现象相似的充要条件为：几何条件，包括换热壁面的几何形状和尺寸、壁面粗糙度、管子的进口形状等；物理条件，物体的种类与物性；边界条件，壁面温度或壁面热流密度，壁面处速度无滑移条件等；时间条件，非稳态问题中物理量随时间的变化。

2. 数学模型法

此法是在对所研究的过程充分认识的基础上，将过程高度概括，得出简化而不失真的物理模型，然后进行数学描述——数学方程。这种方法同样具有以小见大、由此及彼的功能。数学模型法离不开实验，因为简化模型是由对过程的深刻理解而来的，其合理性需要实验来检验，模型中引入的参数也需要通过实验来测定。其进行步骤为：由预测实验认识过程，设想简化模型—建立数学模型—由实验检验简化模型的合理性—由实验确定模型参数。

1.4　热工实验测量技术

热工实验研究都会涉及与热和能量相关的许多参数，如温度、热流、热焓、流量、速度、压力、浓度、功率、转速、扭矩、噪声、振动、位移、粒度等。要了解、利用和控制这些参数，离不开对它们的测量。热工实验研究的任务就是测量物质的各种热物理参数，确定过程中各物体所处的热状态，以及它们之间热量传递的规律。为了实现这三项任务，必须学会主要物理量的正确测量技术和各种模拟热工过程的实验技术。

测量是人类对自然界中客观事物取得数量观念的一种认识过程。在这一过程中，人们借助于专门工具，通过试验和对试验数据的分析计算，求得被测量的值，获得对于客观事物的定量的概念和内在规律的认识。因此可以说，测量就是为取得未知参数值而做的全部工作，包括测量的误差分析和数据处理等计算工作。

通过测试技术课程的学习，可以了解对某个物理量的测量，及其在工业生产与日常生活中热工参数的调节与控制过程是如何进行的。在此基础上，可更好地进行以后的设计工作；另外，所学习到的测试技术本身又是与科学技术的发展密切相关的，科学技术的发展总是带给人们新的测量方法与测量仪器，而新的测量方法与测量仪器又反过来促进了科学技术的发展，因此对这门课程的学习实质上也是在学习科学技术中常见的方法。

第 2 章　相似理论与物理模型实验方法

为了研究热工过程的一些基本规律，如温度分布、速度分布和流动阻力特性等，需要在实际的热工设备中进行实验研究。但由于经济上和技术上的限制，工程实际中直接实验方法有很大的局限性，如对于锅炉设备，由于温度、压力和尺寸的限制，很难进行直接实验。而且直接实验结果只适用于某些特定条件，并不具有普遍意义，因而即使花费巨大，也难揭示现象的物理本质和描述其中各量之间的规律性关系。为了避免直接实验的局限性，应采用以相似原理为基础的模型实验方法，即先在模型实验台上进行实验，然后根据相似原理整理实验数据，找出模型中的规律，再将这些规律推广到与实验模型相似的各种实际设备中去。对于模型的实验研究，必须解决如何制造模型，如何安排实验以及如何把模型的实验结果换算到实物上去等一系列的问题。下面讨论的相似理论是我们考虑实验方案、设计模型、组织实验以及整理实验数据和把实验结果推广到原型上去的理论依据。它是把数学解析法和实验法的优点结合起来，用来研究和解决生产和工程中的问题；它不直接地研究自然现象或过程的本身，而是研究与这些自然现象或过程相似的模型；它是理论与实际密切相结合的科学研究方法，是解决一些比较复杂的生产工程问题的一种有效方法。

2.1　相似原理

2.1.1　几何相似

几何相似可以分为两种情况。一种是线性几何相似群，如所有的圆球、椭圆都属于一个线性几何相似群；所有的直角平行六面体，包括所有的书、火柴盒、鞋盒也都属于一个线性几何相似群。另一种称为几何相似群，它是指按照同一比例放大或者缩小了的几何相似体。

在相似理论中，往往把以上两种相似群分别放入某一坐标系中来考虑，称为线性几何相似域或几何相似域的几何相似现象。在很多的情况下，相似理论研究的是几何相似域内的物理现象。严格地说，几何相似群要比线性几何相似群的约束条件多。

几何相似的概念可以推广到任何一种物理现象。例如两种流体运动之间的相似，称为运动相似；温度场或热流之间的相似可以称为热相似。

2.1.2　物理量相似

所谓物理量相似，一般是指在几何相似群（或线性几何相似群）中各物理量参数成比例。这个概念是针对稳定场而言。对于非稳定场，要引入相似时间段。

2.1.3　物理现象相似的定义及性质

对于同一个物理过程，若两个物理现象的各个物理量在各对应点上以及各对应瞬间大小成比例，且各矢量的对应方向一致，则称这两个物理现象相似。若物理现象相似，则具有如下性质：

5

① 相似的物理现象必为同类现象，即可用相同形式且具有相同内容的微分方程所描述。

② 物理现象相似则单值性条件相似。对于对流换热问题，单值性条件包括以下几方面：

几何条件：包括换热壁面的几何形状和尺寸，壁面粗糙度、管子的进口形状等；

物理条件：流体的种类与物性；

边界条件：壁面温度或壁面热流密度，壁面处速度无滑移条件等；

时间条件：指非稳态问题中物理量随时间的变化。

根据单值性条件相似，就可以解决如何设计相似实验的问题。

③ 相似的物理现象的同名准则数必定相等。基于此，实验中只需测量各准则数所包含的物理量，避免了实验测量的盲目性，因此就解决了实验中需要测量哪些物理量的问题。

④ 描述某物理现象的微分方程组和单值性条件中，各物理量组成的准则数之间存在着函数关系，如常物性流体外掠平板对流换热准则数之间存在如下关系：$Nu = f(Re, Pr)$，因此整理实验数据时，可以按照准则方程式的内容进行，这样就解决了如何整理实验数据的问题。

2.2　相似准则数的推导

2.2.1　采用相似分析方法

即在已知物理现象数学描述的基础上，建立两个现象之间的一系列比例系数，如几何比例系数、速度比例系数、从中导出这些相似系数之间的关系，获得无量纲量准则数。

例如两个对流换热过程相似，对流换热系数分别为：

$$h = -\frac{\lambda}{\Delta t}\frac{\partial t}{\partial y}\Big|_{y=0} \text{ 和 } h' = -\frac{\lambda'}{\Delta t'}\frac{\partial t'}{\partial y'}\Big|_{y'=0} \tag{2-1}$$

根据单值性条件相似，定义相似比例系数：

$$C_h = h'/h; \quad C_\lambda = \lambda'/\lambda; \quad C_t = t'/t; \quad C_l = y'/y \tag{2-2}$$

代入式(2-1)并整理得：

$$C_h h' = -\frac{C_\lambda}{C_l}\frac{\lambda'}{\Delta t'}\frac{\partial t'}{\partial y'}\Big|_{y'=0} \tag{2-3}$$

对比式(2-1)和式(2-3)得：$C_h = \frac{C_\lambda}{C_l}$，即 $\frac{C_h C_l}{C_\lambda} = 1$ 或 $\frac{hl}{\lambda} = \frac{h'l'}{\lambda'}$，即：两个相似的对流换热的努塞尔数相等，即 $Nu = Nu'$。

由于描述相似现象的物理量各自相互成正比，而这些量又满足同一微分方程组，所以各量的比值不能是任意的。而是相互制约的。以定常层流对流换热过程为例，能量方程为：

$$u\frac{\partial t}{\partial x} + v\frac{\partial t}{\partial y} = a\left(\frac{\partial^2 t}{\partial x^2} + \frac{\partial^2 t}{\partial y^2}\right) \tag{2-4}$$

与其相似的对流换热过程的能量方程为：

$$u'\frac{\partial t'}{\partial x'} + v'\frac{\partial t'}{\partial y'} = a'\left(\frac{\partial^2 t'}{\partial x'^2} + \frac{\partial^2 t'}{\partial y'^2}\right) \tag{2-5}$$

定义相似系数为：

6

$$C_u = u'/u = v'/v; \quad C_t = \frac{t'}{t}; \quad C_l = \frac{x'}{x} = \frac{y'}{y}; \quad C_a = \frac{a'}{a}$$

将相似系数代入式(2-5)并整理得：

$$\frac{C_u C_t}{C_l} u \frac{\partial t}{\partial x} + \frac{C_u C_t}{C_l} v \frac{\partial t}{\partial y} = \frac{C_a C_t}{C_l^2} a \left(\frac{\partial^2 t}{\partial x^2} + \frac{\partial^2 t}{\partial y^2} \right) \tag{2-6}$$

对比式(2-4)和式(2-6)可得：

$$\frac{C_u C_t}{C_l} = \frac{C_a C_t}{C_l^2} = 1 \tag{2-7}$$

即：

$$\frac{C_a}{C_u C_l} = 1 \quad \text{即} \quad \frac{a}{ul} = \frac{a'}{u'l'} \text{或} \frac{ul}{a} = \frac{u'l'}{a'}$$

定义 $Pe = \frac{ul}{a} = \frac{v}{a} \cdot \frac{ul}{v} = Pr \cdot Re$，$Pe$ 为贝克莱(Peclet)数，上式说明若是两个对流换热现象相似，Pe 数必定相等。同理从动量方程出发，可以导出 $Re' = Re$，即 Re 数应相等，这也说明各相似倍数的选取不是任意的。

2.2.2 采用量纲分析方法

采用量纲分析方法获得无量纲数组的常用方法是白金汉定理，简称 π 定理，其主要内容是：若某现象由 n 个物理量所描述，写成数学表达式即：$f(x_1, x_2, \cdots\cdots, x_n) = 0$，设这些物理量包含 m 个基本量纲，则该现象可用 $n-m$ 个无量纲数组成的关系式来描述，即：$F(\pi_1, \pi_2, \cdots\cdots, \pi_{n-m}) = 0$。

以不可压缩单相黏性流体在圆管内作强制对流换热为例，对流换热系数 h 与管内径 d，流体的平均速度 u，流体的密度 ρ、黏度 μ、比热容 c_p 和导热系数 λ 有关，试用无量纲数组表示对流换热系数。

采用量纲分析方法的白金汉定理获得无量纲数组，首先根据题意分析该换热现象共有 7 个变量，h、u、d、λ、μ、ρ、c_p，变量中包含的基本量纲数目有 4 个即：[T]、[L]、[M]、[Θ]，因此选择 4 个基本变量即：u、d、λ、μ 与其他变量进行组合，则可以组成 7-4＝3 个无量纲数组。

$$\begin{aligned} \pi_1 &= h u^{a_1} d^{b_1} \lambda^{c_1} \mu^{d_1} \\ \pi_2 &= \rho u^{a_2} d^{b_2} \lambda^{c_2} \mu^{d_2} \\ \pi_3 &= c_p u^{a_3} d^{b_3} \lambda^{c_3} \mu^{d_3} \end{aligned} \tag{2-8}$$

求解待定指数，对于无量纲数 π_1，根据等式两边量纲相同，则有：

$$M^0 L^0 T^0 \Theta^0 = M^1 T^{-3} \Theta^{-1} \cdot L^{a_1} T^{-a_1} \cdot L^{b_1} \cdot M^{c_1} L^{c_1} T^{-3c_1} \Theta^{-c_1} \cdot M^{d_1} L^{-d_1} T^{-d_1}$$
$$= M^{1+c_1+d_1} T^{-3-a_1-3c_1-d_1} \Theta^{-1-c_1} \cdot L^{a_1+b_1+c_1-d_1}$$

$$\Rightarrow \begin{cases} 1+c_1+d_1=0 \\ -3-a_1-3c_1-d_1=0 \\ -1-c_1=0 \\ a_1+b_1+c_1-d_1=0 \end{cases} \Rightarrow \begin{cases} a_1=0 \\ b_1=1 \\ c_1=-1 \\ d_1=0 \end{cases}$$

即 $\pi_1 = h u^{a_1} d^{b_1} \lambda^{c_1} \mu^{d_1} = h u^0 d^1 \lambda^{-1} \mu^0 = \dfrac{hd}{\lambda} = Nu$

同理可求得：$\pi_2 = \dfrac{\rho u d}{\mu} = \dfrac{ud}{\nu} = Re$；$\pi_3 = \dfrac{\mu c_p}{\lambda} = \dfrac{\nu}{a} = Pr$

即 $h = f(u, d, \lambda, \mu, \rho, c_p) \Rightarrow Nu = f(Re, Pr)$

从而获得不可压缩单相黏性流体在圆管内作强制对流换热中的无量纲量准则数。

2.3 相似原理的应用

2.3.1 物理模型实验方法

物理模型实验是将现场实际的缩放模型置于实验体(如模型架、风洞、水槽、实验装置等)内，以相似理论为基础，在满足基本相似条件(包括几何、运动、热力、动力和单值条件相似)下，通过在模型上的试验所获得的某些量间的规律再回推到原型上，从而获得对原型的规律性认识，以此模拟真实过程主要特征的实验方法。物理模型研究方法如图 2-1 所示。

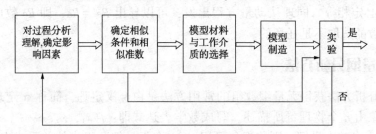

图 2-1　物理模型研究方法

2.3.2 相似理论的应用及步骤

模型设计的理论基础是相似理论。在模型试验中，首要问题是如何设计模型，以及如何将模型试验的结果推广到原型实体对象中。一般情况下，模型设计步骤为：

1. 模型系统的选择

根据相似理论，利用模型对现象进行研究时，要保证模型与实物完全相似。但实际中要做到这一点是十分困难的，有时做不到。因此，在保证满足实验的基础上，要进行适当的简化，所以选择并确定一个正确的模型系统是十分重要的。

依据相似理论，适当的模型系统选择依据如下：

① 模型与实物的几何相似；

② 模型与实物间的同名相似准数数值相等；

③ 模型与实物间物理相似；

④ 模型与实物间初始及边界条件相似；

等等。

2. 模型设计计算

模型的设计计算是根据相似定理进行的。计算中遵循的条件是现象的相似条件。模型计算的目的：

① 在已知其他条件下，计算模型的几何尺寸；

② 在确定模型尺寸后，计算其他参数及选择动力设备。

例 2-1 在一台缩小成为实物 1/8 的模型中，用 20℃ 的空气来模拟实物中平均温度为 200℃ 空气的加热过程，实物中空气的平均流速为 $u = 6.03\text{m/s}$，求模型中空气的流速 u' 为多少？若模型中的对流换热系数 h' 为 195W/(m² · K)，求相应实物中的对流换热系数 h。

解：模型和原型设备中研究的是同类对流换热现象，两者相似应满足单值性条件相似和相似准则数 Nu、Re 和 Pr 相等。

空气在 20℃ 和 200℃ 的物性参数为：

20℃：$v' = 15.06 \times 10^{-6}\text{m}^2/\text{s}$，$\lambda' = 2.59 \times 10^{-2}\text{W/(m · K)}$，$Pr' = 0.703$；

200℃：$v = 34.85 \times 10^{-6}\text{m}^2/\text{s}$，$\lambda = 3.93 \times 10^{-2}\text{W/(m · K)}$，$Pr = 0.68$。

由于 Pr 数随温度变化不大，可近似认为 $Pr' \approx Pr$，因此应满足主要准则数 $Re' = Re$ 和 $Nu' = Nu$。

$Re' = Re$，即：$\dfrac{u'l'}{v'} = \dfrac{ul}{v}$，则得到模型中的速度 u' 为：

$$u' = \frac{v'}{v} \frac{l}{l'} u = \frac{15.06}{34.85} \times 8 \times 6.03 = 20.85\text{m/s}$$

$Nu' = Nu$，即：$\dfrac{h'l'}{\lambda'} = \dfrac{hl}{\lambda}$，则得到实物中对流换热系数为：

$$h = \frac{\lambda}{\lambda'} \frac{l'}{l} h = \frac{3.93}{2.59} \times \frac{1}{8} \times 195 = 36.99\text{W/(m}^2 \text{ · K)}$$

讨论：上述模化实验中，虽然模型流体与实际流体的 Pr 数并不严格相等，但十分接近，这样的模化实验仍具有实用价值。

但同时满足几个相似准则数都相等，在实际中是很困难的，有时甚至是办不到的。例如对于黏性不可压缩流体定常流动，尽管只有两个定性准则，但要使模化试验中模型和原型的 Re 和 Fr 同时相等，对模型设计就会出现矛盾。具体矛盾说明如下，为使原型中的 Re 与模型中的 Re' 相等，即 $\dfrac{V \cdot l}{v} = \dfrac{V' \cdot l'}{v'}$，必有 $C_{V1} = \dfrac{V'}{V} = \dfrac{v'l}{vl'} = \dfrac{C_v}{C_l}$。如果模型中流动介质的 v' 和原型中介质的 v 相等，即 $C_v = 1$，那么 $C_{V1} = \dfrac{1}{C_l}$。这时，如果取模型尺寸为原型尺寸的 $\dfrac{1}{10}$。则 $C_{V1} = 10$，即模型中流体的流速应为原型中的 10 倍。

如同时还要保证 $Fr = Fr'$，即 $\dfrac{g'l'}{V'^2} = \dfrac{gl}{V^2}$，必有 $C_{V2} = (C_g C_l)^{\frac{1}{2}}$。由于 $g' = g$，即 $G_g = 1$，所以 $G_{V2} = (C_l)^{\frac{1}{2}}$。当 $C_l = \dfrac{1}{10}$ 时，$C_{V2} = \dfrac{1}{3.16}$。这就是说，为保证 Fr 数相等，模型中流体的流速应为原型中流体流速的 $\dfrac{1}{3.16}$。这与第一个要求发生矛盾。

解决这一矛盾的办法可以是，在模型和原型中使用具有不同黏度的流体。为此，令 $C_{V1} = C_{V2}$，即 $\dfrac{C_v}{C_l} = (C_l)^{\frac{1}{2}}$，$C_v = (C_l)^{\frac{3}{2}}$。若 $C_l = \dfrac{1}{10}$，$C_v = \dfrac{1}{31.6}$，这表示为保证 $Re = Re'$，$Fr = Fr'$，就要使模型中介质的运动黏度为原型的 $\dfrac{1}{3.16}$，这几乎是办不到的。

上述分析说明，当定性准则有两个时，模型中的流体介质选择要受模型尺寸选择的限制。当定性准则有三个时，除介质的选择受限制外，流体的其他物理量也要相互受限制。这样就使模型设计难以进行。为此，工程上常常采用比例方程法。

比例方程即在制造模型以前，人们为了使实验的进行得到保证，往往先应用比例方程进行参数预测。以研究流体在通道中流动时的阻力损失为例说明比例方程。

假定过程为强制流动，紊流，采用冷态模型进行研究，模型与实物中用同一种流动介质，依据相似理论，雷诺准数(Re)为定性准数，欧拉数(E_u)为被决定性准数。如果模型中的过程与实物相似，则：

$$(Re)_{实} = (Re)_{模}$$

$$\left(\frac{uL}{v}\right)_{实} = \left(\frac{uL}{v}\right)_{模}$$

写成相似倍数式为：

$$\frac{C_u C_l}{C_v} = 1$$

由于模型与实物采用同一种工作介质，所以 $C_v = 1$，则：

$$C_u = \frac{1}{C_L} \tag{2-9}$$

模型与实物中流体的体积流量比：

$$q_{v实} / q_{v模} = C_{qv}$$

$$q_v = A \cdot u$$

式中　A——流体流通通道截面积。

$$C_{qv} = (Au)_{实} / (Au)_{模}$$

考虑 $C_A = C_L^2$，$C_u = \frac{1}{C_L}$，写成相似倍数式为：

$$C_{qv} = C_L \tag{2-10}$$

因为模型实验中，若两现象相似，同名准数相等，因此有：

$$(E_u)_{实} = (E_u)_{模}$$

$$\left(\frac{\Delta p}{u^2 \rho}\right)_{实} = \left(\frac{\Delta p}{u^2 \rho}\right)_{模}$$

写成相似倍数式为

$$\frac{C_{\Delta p}}{C_u^2 C_\rho} = 1$$

考虑到 $C_u = \frac{1}{C_L}$，$C_\rho = 1$，则

$$C_{\Delta p} = \frac{1}{C_L^2} \tag{2-11}$$

同样，E_u 数为被决定性准数时，则：

$$C_u = C_L^{\frac{1}{2}} \tag{2-12}$$

$$C_v = C_L^{\frac{5}{2}} \tag{2-13}$$

$$C_{\Delta p} = C_L \tag{2-14}$$

结论：研究流体在通道中流动的阻力损失时，模型实验采用与实物相同的工作介质，当

（1）过程仅受雷诺准数 Re 控制时

① 模型中流体流速增大 G_L 倍；

② 模型中流体流量缩小 G_L 倍；

③ 模型中的阻力损失增大 G_L^2 倍。

（2）过程仅受弗鲁德准数 Fr 控制时

① 模型中流体流速缩小 $G_L^{\frac{1}{2}}$ 倍；

② 模型中流体流量缩小 $G_L^{\frac{5}{2}}$ 倍；

③ 模型中的阻力损失缩小 G_L 倍。

式(2-9)~式(2-14)称为模型计算比例方程。

应当注意的是，在进行模型计算时，有时按比例方程式算得的各参数数值过大，给实验的动力设备(如泵、风机)选择带来困难。

3. 模型材料与工作介质的选择

描述过程的准数方程和相似准数确定之后，便可以进行模型的设计、计算，而后便是模型的制作和试验介质的选择。

一般说来，模型材料、工作介质的选择要做到既能满足实验的要求，价格又便宜。如：

① 对于只为了测得数据而不需要观察、摄影的模型实验，模型材料可选取木材、金属，或其他建筑材料。

例如：通道中流体流动阻力损失的研究，通道可以是金属结构，由木板制成，也可以是红砖水泥砌筑。

② 研究高温、强震、高冲击条件下建筑物强度的模型，由建筑材料构成，而金属构件的强度由金属构成。

③ 对实验过程中既要测得数据又要随时观察，摄影的模型由透明的彩棉制成。如研究炉内气流运动规律的加热炉，均热炉喷雾干燥塔、玻璃池窑、玻璃制品退火窑、喷漆件烘干窑、各种竖炉等模型，都由透明材料做成。一般是选用有机玻璃，有机玻璃便于加工、粘结。

④ 如果工作介质对模型材料有腐蚀作用，模型材料的选择应特别注意，熔渣对耐火材料的浸蚀将导致耐火衬的迅速破坏，选用透明材料时，无论是工作介质对模型有腐蚀性还是有磨损时，模型材料应选用玻璃而不用有机玻璃制作。

模型中工作介质的选择应考虑到方便、便宜，满足实验要求，模型工作稳定、测量准确可靠。

一般研究流体流动过程的模型实验的工作介质多采用水或空气为工作介质。它们对模型要求简单。以空气作为工作介质的模型实验中，测量准确可靠，但不便于观察：用水作为工作介质的模型中，由于水的黏度大，易于染色，观察、摄影都很方便，但水的排入排出却很麻烦。

冷态模型实验中采用的工作介质还有水银、泥浆等。

热态模型实验中采用的工作介质有石蜡、低温熔盐、烟气、高温液态金属或低熔点合金和低熔点金属等。

2.3.3 模型实验中参数的处理

相似原理在解决热工实际问题中的一个重要应用是指导实验的安排及实验数据的整理。

按照相似原理，对流换热的实验数据应当表示成相似准则数之间的函数关系，同时也应当以相似准则数作为安排实验的依据。

1. 关联式的整理方法

例如在对流换热的实验中，采用实验方法获得对流换热特征数的关联式时，应首先根据对流换热的物理模型，写出对流换热微分方程和单值性条件，通过分析得到描述该对流换热现象的准则数，并由此确定出实验需要测量的各物理量以及物理量的变化范围，通过数据处理得出待定准则数和已定准则数的函数关联式，并注明关联式的适用范围。

以工程上常见的单相流体湍流强制对流换热为例，努塞尔数 Nu 的关联式常按照幂函数形式整理实验数据，即：

$$Nu = f(Re, Pr) = CRe^n Pr^m \tag{2-15}$$

式中 C、m、n 等常数由实验数据确定。

① 工作介质为空气时，Pr 数可作常数处理，上式可简化为：

$$Nu = f(Re) = CRe^n \tag{2-16}$$

式(2-16)两边取对数可以得到式(2-11)的形式，在双对数坐标图上可绘成直线形式，如图2-2所示。

$$\lg Nu = \lg C + n \lg Re \tag{2-17}$$

从图2-2中可以看出，n 值为对数坐标图上斜线的斜率，$\lg C$ 为斜线的截距，由此可确定出待定系数 C 和 n。

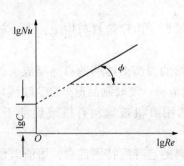

图2-2 Re 和 Nu 的双对数坐标图示

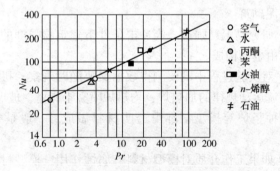

图2-3 $Re = 10^4$ 时不同 Pr 数流体实验结果

② 若需要确定 C、m、n 三个系数，实验数据的整理要分两步进行。

第一步：由同一 Re 数下不同种类流体的普朗特数 Pr 和换热努塞尔数 Nu 之间的关系确定 m 值，此时将 Re 和 n 看作常数，对式(2-10)两边取对数可以得到：

$$\lg Nu = \lg C' + m \lg Pr \tag{2-18}$$

式中，$C' = CRe^n$，当流体被加热时，薛伍德通过实验得到了不同种类流体，在 $Re = 10^4$ 时，Pr 与 Nu 之间的数据关系，如图2-3所示，则式(2-18)中 m 为图中直线的斜率，在曲线上取点可获得 m 值，如：

$$m = \frac{\lg 200 - \lg 40}{\lg 62 - \lg 1.15} \approx 0.4 \tag{2-19}$$

第二步：将 m 值代入式(2-17)，再以 $\lg(Nu/Pr^{0.4})$ 为纵坐标，采用前面的方法确定常数 C 和 n 的取值。需要指出的是当实验数据量较多时，可采用最小二乘法拟合多项式来确定关联式中各常数的值。

2. 应用实验关联式的注意事项

① 应用每个实验关联式的计算结果都存在一定的计算误差(不确定度),有时计算误差甚至可达 20%～25%。对于一般的工程计算,这样的误差是可以接受的。若需要做精确的计算,可以设法选用范围较窄、针对所需工况而整理的专门关联式。

② 整理实验关联式时需要选定对应变量的特征值和确定流体物性所需的定性温度,特征值是表征流场几何特征、流动特性和换热特性的数值,包括特征长度和特征速度。

2.4　定性温度和特性尺度

在讨论流动和传热问题的相似性时,特性尺度和定性温度的作用十分重要。

特征尺度:用来表征流场的几何特征,取值时应选对流动和换热有显著影响的几何尺度。对于不同的流场其特征长度的选择是不同的,如:流体在圆管内流动、换热时,取管内径 d_i 为特征长度;流体在流通截面形状不规则的槽道中流动时,取当量直径 d_e 作为特征长度;流体横掠单管或管束时,取管子外径 d_o 为特征长度;流体掠过平壁时,取流动方向的壁面长度 l 作为特征长度。

特征速度:用来表征流场的流动特征,特征速度的取值要随流场不同而不同,如流体外掠平板或绕流圆柱时,取来流速度 u_∞ 为特征速度;管内流动时,取截面上的平均速度为特征速度;流体绕流管束时,取最小流通截面的最大速度 $u_{A,max}$ 为特征速度。

定性温度:在利用准则关系式处理实验数据时,如何选择定性温度是一个十分重要的问题。通常各物性参数值都随温度发生变化,所以即使温度场相似,仍不能保证物性场的相似。所以选择适当的定性温度对于相似理论的正确应用关系很大。我们用来确定各物性参数的温度值称为定性温度。通常定性温度的选取要以方便选取和能否准确计算换热为原则,常用的选取方式有:内部流动取进出口截面的算术平均值或对数平均值为定性温度;外部流动通常选择来流流体温度和固体壁面温度的算术平均值为定性温度。

对于由实验数据整理出的准则方程式,应注明它所采用的定性温度和特性尺度。对于采用文献中推荐的准则公式,也应按公式规定的定性温度和特性尺度进行计算,并且只能推广应用于实验时的定性准则数值范围内,否则会导致错误的结果。

根据相似原理建立起来的物理模型实验,并测量模型实验物质的各种热物理参数,确定过程中各物体所处的热状态以及它们之间热量传递的规律。为此,必须学会各主要物理量的正确测量技术和各种模拟热工过程的实验技术。下面章节介绍热工实验中的主要热工参数测量知识。

第3章　测量和数据处理的基本知识

　　根据相似原理建立起来的物理模型实验，在近代科学研究及工程设计工作中起着重要的作用。实践表明，模型研究方法是探明大型复杂设备、复杂物理-化学过程内部规律的可行手段。根据多年的物理模型研究的实践经验证明如何使这一研究方法更趋于完善，除了更好地遵照相似准则制作模型外，很重要的是在模型实验中正确选择、使用各种测试仪表。

　　模型实验包括冷态模型(气体模型、水力模型和电模型等)和热态模型。对于热工过程来说，模型实验中主要对模型中温度场、压力场和速度场进行准确、细致的测量，从而找出规律，并推广到实体中。

3.1　测量与测量系统

3.1.1　测量的基本概念

　　测量就是用实验的方法，将被测量与选作单位的同类量进行比较，从而确定被测量值的过程，这通常是通过仪表来实现的。

　　一般的测量过程都需要通过包含一些仪表的测量系统来实现。当打算测量一个物体的温度时，首先需要一种感受元件称为一次仪表，能够接收到被测物质所反映出的物理信号，并且将这种物理信号传递出来。在多数情况下，感受元件所反映出来的物理信号很微弱，需要进一步放大或者变换处理，才能更好地传递给能表达这种信号的仪表(即所谓的二次仪表)。许多现代的二次仪表都具有指示或显示、记录及打印功能。

　　在现代化的测量系统中，还应该包括控制功能，由控制功能对输入信号进行分析，然后发出指令执行下一步操作。上述的测量系统可以用图3-1来描述。

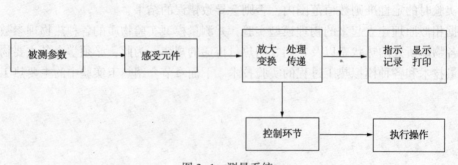

图 3-1　测量系统

3.1.2　测量的分类

　　热工测量包括两个方面内容：一是对工质热力学性质和热物理性质(传递特性)的测量；二是对热工过程中各种热工参数的测量。按照获得测量参数结果的方法不同，测量可分为直接测量和间接测量；根据测量条件的不同，可分为等精度测量和不等精度测量。

1. 直接测量

凡最后测量结果是从按测量结果单位刻度的仪表指示值上得到的(例如用玻璃温度计测温度，用压力表测压力)或是用标准尺度与被测量进行比较而得到的，例如测量物体的重量和长度，称为直接测量。

2. 间接测量

凡是不直接测量被测量，而是利用其他几个直接测量的结果与被测量之间的函数关系来计算出被测量的量值，都属于间接测量，如从力矩与转速的直接测量结果来求得功率等。

直接测量的方法有如下几种：① 直接法——用度量标准直接比较或由仪表直接读出；② 插值法——用仪表测出二量之差即为所要求之量。如用热电偶测温差，差压计测压差等；③ 代替法——用已知量代替被测量，而两者对仪表的影响相同，则被测量等于已知量，如用光学高温计测温度；④ 零值法——被测量对仪表的影响被同类的已知量所抵消，使总的效应为零，则被测量等于已知量，如用电位差计测量电势。此法准确度最高，但需要精密的仪表。

3. 等精度测量

在相同测量条件下对某一物理量重复 n 次测量，得出 n 个数值，这 n 个数值中我们没有理由认为其中某一次测量比另一次测量更准确些或不准确些，即每次测量的精度是相同的，这种测量称为等精度测量。比如在完全相同的条件下，用螺旋测微器对钢珠的直径进行 n 次的测量即为等精度测量。

测量条件是指一切能影响测量结果、本质上又可控制的全部因素。测量条件包括：进行测量的人、测量方法、测量仪器及其调整方法、环境条件等。环境条件是指测量过程中环境的温度、湿度、大气压力、气流、振动、辐射强度等。

4. 不等精度测量

测量条件中只要其中一个发生了变化，就变为不等精度测量。如在不同的环境温度下测量电阻就是不等精度测量，因为电阻是随温度的变化而变化的物理量。

等精度测量与不等精度测量的数据，在处理方法上是不同的，在以下的讨论中所涉及的测量数据均为等精度测量的情况。

3.1.3 测量原理

所谓测量原理是指用什么科学技术原理去提取、接收或感知信号并对其进行加工处理，同一参数的测量可以采用不同的测量原理、同一测量原理也可以用于不同参数的测量。例如测量压力的传感器就有弹簧式压力计、电阻式压力计、压电式压力计等，它们就分别利用了弹簧元件在压力作用下发生弹性变形、电阻丝的阻值随电阻丝的伸缩而发生变化、压电材料在受压后会产生电荷等科学原理。但同样是"电阻丝的阻值随电阻丝的伸缩而发生变化"这一原理，可分别用于温度测量、压力测量、应力测量等多种参数的测量过程中。每一种测量原理即是测量仪器的一个信号(输出信号)随另一个参数(信号源的输入信号)之间的变换关系，这些对应变化的各个参数分属于不同的科学技术领域，如有的是电学量、电子学量、力学量等，有的是热学量、光学量、声学量、生物学量等，因此测量原理很多，要想较全面地了解这方面的内容，就需要有很宽的知识面，并且要有扎实的基础知识与专业知识。本书主要介绍基本物理参数(温度、压力、流量)的常见测量原理以及热能工程学科基本热参数的测量原理。

3.1.4 测量仪器的分类和技术指标

热工测量仪表的种类繁多，原理、结构也各不相同，但按其用途来分可分为两大类：一类是范型仪表或称标准仪表。它们是用来复制或保持测量单位，或是用来对各种测量仪表进行校验和刻度工作的仪表，这类仪表有很高的精度；另一类就是实用仪表，即供实验测量而使用的仪表。

通常，可以把每一个仪表看成由三部分组成：① 感受件——它直接与被测对象相联系，感受被测参数的变化，并将感受到的被测参数的变化转换成某一种信号输出。例如热电偶，它是把温度的变化转换成热电势信号输出。对感受件的要求是输出信号只随被测参数的变化而作单值的变化，最理想的是线性变化。② 显示件——仪表通过它向观察者反映被测参数的变化。根据显示件的不同，仪表可分为直读式和记录式两类。③ 中间件——中间件的作用是将感受件的输出信号传输给显示件。在传输过程中信号可以被放大、转换。测量过程实质上是一系列的信号转换和传递过程，在这个过程中，有时也包含着能量的转换和放大。

判别热工测量仪表性能的好坏，有下列几个主要的质量指标：

1. 灵敏度

灵敏度是表征仪表对被测参数变化的敏感程度。其值等于仪表指示部分的直线位移或角位移 $\Delta\theta$ 与引起这些位移的被测量的变化值 ΔM 之间的比值 S，即

$$S = \frac{\Delta\theta}{\Delta M} \tag{3-1}$$

例如，一支温度表上指针每移动 1mm 代表 1℃，而另一只表上指针每移动 2mm 代表 1℃，则后者具有较高的灵敏度。虽然仪表的灵敏度可以通过放大系数来加大，但是通常也会使读数带来新的误差。对于线性系统来说，灵敏度是个常数。

2. 分辨率或称灵敏度限

使仪表指针发生动作的被测量的最小变化，亦就是说仪表可以感受到的被测量的最小变化值。仪表的灵敏度限大，其精确度相应较低。一般灵敏度限不应大于仪表允许绝对误差的一半。

3. 精确度

仪表的精确度是指仪表指示值接近于被测量的真实值的程度，通常用误差的大小来表示。精确度有时也称为精度。

4. 复现性

仪表在同一工作条件下对同一对象的同一参数重复进行测量时，仪表的读数不一定相同。各次读数之间的最大误差称为读数的变化量。变化量愈小，仪表的复现性愈好。

5. 动态特性

仪表对随时间变化的被测量的响应特性。动态特性好的仪表，其输出量随时间变化的曲线与被测量随同一时间变化的曲线一致或比较接近。一般仪表的固有频率越高，时间常数越小，其动态性能越好。

为了得到可靠的测量结果，首先必须掌握仪表本身的工作性能。在实验室里通过检定、试验和分度来确定仪表的工作性能是计量工作的三种基本任务。这三种基本工作是仪表在出场前都应当进行的。仪表在使用过程中还必须定期到国家规定的标准计量机构进行检验，以确保仪表在可靠状态下进行工作。

3.2 测量误差概念与分类

3.2.1 误差

在确定的条件下，反映任何物质(物体)物理特性的物理量所具有的客观真实数值，称为真值。测量的目的就是力图获得真值。但是，由于受仪表灵敏度和分辨率、实验原理的近似性、环境的不稳定性以及测量者自身因素的局限，测量总是得不到真值，测量值只能是真值不同程度的近似值。测量值与真值之间的差异叫测量误差。如果用 x 表示测量值，a 表示真值，测量误差 Δx 为：

$$\Delta x = x - a \tag{3-2}$$

因为 Δx 与 x 具有相同的单位，故又称为绝对误差，简称误差。

随着科学技术的进步，测量误差可以被控制得越来越小。但实践证明，任何实验的误差都不能降为零，误差始终存在于一切科学实验中，这个结论称为误差公理。也就是说，从测量的角度来讲，真值不可能确切获得。因此，测量的实际值、已修正过的算术平均值等被认为充分接近真值，可用来替代真值，用来替代真值的量值称为约定真值。这样一来，绝对误差就是测量结果与约定真值之差。误差既然是客观存在，那么就有必要研究、分析误差的来源和性质。

3.2.2 误差的分类

1. 根据误差的性质和产生的原因分类

（1）系统误差

是指在同一条件(指方法、仪器、环境、人员)下多次测量同一物理量时，结果总是向一个方向偏离，其数值一定或按一定规律变化。系统误差的特征是具有一定的规律性。

系统误差的来源具有以下几个方面：

① 仪器误差　是由于仪器本身的缺陷或没有按规定条件使用仪器而造成的误差。如螺旋测径器的零点不准，天平不等臂等。

② 理论误差　是由于测量所依据的理论公式本身的近似性，或实验条件不能达到理论公式所规定的要求，或测量方法不当等所引起的误差。如实验中忽略了摩擦、散热、电表的内阻、单摆的周期公式 $T = 2\pi\sqrt{\dfrac{l}{g}}$ 的成立条件等。

③ 个人误差　是由于观测者本人生理或心理特点造成的误差。如有人用秒表测时间时，总是使之过快。

④ 环境误差　是外界环境性质(如光照、温度、湿度、电磁场等)的影响而产生的误差。如环境温度升高或降低，使测量值按一定规律变化。

产生系统误差的原因通常是可以被发现的，原则上可以通过修正、改进加以排除或减小。分析、排除和修正系统误差要求测量者有丰富的实践经验。这方面的知识和技能在我们以后的实验中会逐步地学习，并要很好地掌握。

（2）随机误差

在相同测量条件下，多次测量同一物理量时，误差的绝对值符号的变化，时大时小、时正时负，以不可预定方式变化着的误差称为随机误差，有时也叫偶然误差。

引起随机误差的原因也很多，与仪器精密度和观察者感官灵敏度有关。如无规则的温度变化、气压的起伏、电磁场的干扰、电源电压的波动等，引起测量值的变化。这些因素不可控制又无法预测和消除。

当测量次数很多时，随机误差就显示出明显的规律性。实践和理论都已证明，随机误差服从一定的统计规律（正态分布），其特点表现为：

① 单峰性　绝对值小的误差出现的概率比绝对值大的误差出现的概率大；

② 对称性　绝对值相等的正负误差出现的概率相同；

③ 有界性　绝对值很大的误差出现的概率趋于零；

④ 抵偿性　误差的算术平均值随着测量次数的增加而趋于零。

因此，增加测量次数可以减小随机误差，但不能完全消除。

（3）粗大误差

由于测量者过失，如实验方法不合理、用错仪器、操作不当、读错数值或记错数据等引起的误差，是一种人为的过失误差。不属于测量误差，只要测量者采用严肃认真的态度，过失误差是可以避免的。在数据处理中要把含有粗大误差的异常数据加以剔除。剔除的准则一般为 3σ 准则或肖维勒准则。

2. 根据误差表示方法的不同分类

（1）绝对误差

在一定条件下，某一物理量所具有的客观大小称为真值。测量的目的就是力图得到真值。但由于受测量方法、测量仪器、测量条件以及观测者水平等多种因素的限制，测量结果与真值之间总有一定的差异，即总存在测量误差。

测量误差又称为绝对误差，简称误差。绝对误差表达式见公式（3-2）。

误差存在于一切测量之中，测量与误差形影不离，分析测量过程中产生的误差，将影响降低到最低程度，并对测量结果中未能消除的误差做出估计，是实验测量中不可缺少的一项重要工作。

（2）相对误差

绝对误差与真值之比的百分数叫作相对误差。用 E_r 表示：

$$E_r = \frac{\Delta x}{\bar{x}} \times 100\% \tag{3-3}$$

式中，$\bar{x}$ 为真值的估计值。相对误差用来表示测量的相对精确度，相对误差用百分数表示，保留两位有效数字。

上述两种表示方法中，相对误差更能说明仪表指示值的准确程度。例如用温度计测量某介质的温度，温度计的读数为150℃，而介质的真实温度为153℃，则绝对误差为-3℃，相对误差为-2.0%；如果在测量某一固体表面温度时，绝对误差也是-3℃，但固体表面真实温度仅为50℃，显然后者的测量精确度低得多，它的相对误差达到-6.0%。因此利用相对误差能较好地反映出测量的精确度。

热工测量仪表存在其标尺范围内各点读数绝对误差的最大值称为仪表的最大绝对误差。它并不能用来判断仪表的质量，因为即使两只仪表的绝对误差一样，但两只仪表的标尺范围不同，标尺范围大的那只仪表显然具有较高的精准度。所以判断仪表质量常常采用仪表的相对误差，即仪表的准确度来表示：

$$仪表的精确度=\frac{仪表允许的最大绝对误差}{测量范围上限值-测量范围下限值}\times 100\%$$ (3-4)

例如一量程为 0~50Pa 的压力表，在其标尺各点处指示值的最大绝对误差为 1Pa，则仪表的精确度为±2%。

仪表的精确度是仪表的一个重要技术性能，为此国家按相对误差的大小，统一划分为 7 个精确度等级，即 0.1 级、0.2 级、0.5 级、1.0 级、1.5 级、2.5 级、4.0 级。精确度等级是仪表在指定条件下允许的最大相对误差。例如，精确度等级为 1.0 级的仪表，其允许误差不超过±1%，也就是说该仪表各点处指示值的误差不超过其量程范围的±1%。

精确度等级相同的仪表，量程越大，其绝对误差也越大，所以在选择使用时，在满足被测量的数值范围的条件下，应选用量程小的仪表，并使测量值最好落在满刻度的三分之二到四分之三处。例如有两个精确度等级为 1.0 级的温度表，一个量程为 0~50℃，另一个为 0~100℃，用这两个温度来进行测量时，如读数都是 40℃，则仪表的测量误差分别为

$$\Delta T_1 = \pm(50-0)\times 1\% = \pm 0.5℃$$

$$\Delta T_2 = \pm(100-0)\times 1\% = \pm 1.0℃$$

仪表的精度等级一般标在仪表的铭牌上。

3.3 测量误差的计算方法和测量精度的判断标准

误差可以通过精度反映出来，精度是测量值与真值的接近程度。包含精密度、正确度和精确度三个方面。

反映测量结果与真实值接近程度的量，称为精度（亦称精确度）。它与误差大小相对应，测量的精度越高，其测量误差就越小。"精度"应包括精密度和正确度两层含义。

① 精密度：测量中所测得数值重现性的程度，称为精密度。它反映偶然误差的影响程度，精密度高就表示偶然误差小。

② 正确度：测量值与真值的偏移程度，称为正确度。它反映系统误差的影响程度，正确度高就表示系统误差小。

③ 精确度：它反映测量中所有系统误差和偶然误差综合的影响程度。

在一组测量中，精密度高的正确度不一定高，正确度高的精密度也不一定高；但精确度高，则精密度和正确度都高。

为了说明精密度与正确度的区别，可用下述打靶子例子来说明。如图 3-2 所示。

图 3-2(a)中表示精密度和正确度都很好，则精确度高；图 3-2(b)表示精密度很好，但正确度却不高；图 3-2(c)表示精密度与正确度都不好。在实际测量中没有像靶心那样明确的真值，而是设法去测定这个未知的真值。

学生在实验过程中，往往满足于实验数据的重现性，而忽略了数据测量值的准确程度。

绝对真值是不可知的，人们只能制定出一些国际标准作为测量仪表准确性的参考标准。随着人类认识运动的推移和发展，可以逐步逼近绝对真值。

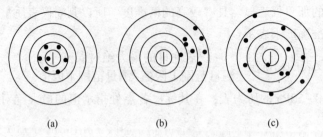

(a)　　　　　　(b)　　　　　　(c)

图 3-2　精密度和正确度的关系

3.4　系统误差

3.4.1　系统误差的产生和处理原则

系统误差是固定不变或按一定规律变化的误差。系统误差的产生原因是比较复杂的，它可能是一个原因在起作用，也可能是多个原因同时在起作用。主要是由于测量装置误差（如测量装置制造和安装的不正确，没有将测量装置调整到理想状态等）、环境误差（如环境温、湿度的变化等）造成的。

由于系统误差的产生原因比较复杂，系统误差对测量过程的影响不易发现，因此首先应当对测量装置、测量对象和测量数据进行全面的分析，检查和判定测量过程是否存在系统误差。若存在系统误差，则应设法找出产生系统误差的根源，并采取一定的措施来消除或减小系统误差对测量结果的影响。

分析产生系统误差的根源，一般可从以下五个方面着手：

① 所采用的测量装置是否准确可靠；
② 所应用的测量方法是否完善；
③ 测量装置的安装、调整、放置等是否正确合理；
④ 测量装置的工作环境条件是否符合规定条件；
⑤ 操作人员的操作是否正确。

3.4.2　系统误差的类型

为便于对系统误差进行分析和处理，系统误差可按不同的角度进行分类。

1. 恒值系统误差和变值系统误差

根据误差是否变化，系统误差可分为恒值系统误差和变值系统误差。

（1）恒值系统误差

在整个测量过程中，误差的大小和符号都恒定不变，这种误差称为恒值系统误差。

（2）变值系统误差

在测量过程中，误差的大小和符号按一定规律变化，这种误差称为变值系统误差。

2. 累积性系统误差、周期性系统误差和复杂规律系统误差

根据误差变化的规律，变值系统误差又可分为累积性系统误差、周期性系统误差和复杂

规律系统误差。

（1）累积性系统误差

在测量过程中，随着测量时间或某些影响因素，误差值逐渐增大或逐渐减小的系统误差，称为累积性系统误差。

累积性系统误差又可分为线性系统误差和非线性系统误差。线性系统误差随着测量时间或某些影响因素，误差值线性增大或线性减小。

（2）周期性系统误差

在测量过程中，随着测量时间或测量值的变化，误差值呈现周期性变化的系统误差，称为周期性系统误差。

（3）复杂规律系统误差

除上述两种变化规律以外的变值系统误差，称为复杂规律系统误差。

3．已定系统误差和未定系统误差

根据对误差掌握的程度，系统误差可分为已定系统误差和未定系统误差。

（1）已定系统误差

在整个测量过程中，误差的大小和符号已知或变化规律已被掌握的系统误差，称为已定系统误差。

（2）未定系统误差

在测量过程中，误差的大小和符号未知或变化规律未被充分认识的系统误差，称为未定系统误差。对未定系统误差，通常用其变化范围 $\pm e$ 来表示，$\pm e$ 称为误差限。

3.4.3 系统误差的发现与判定

为了在测量中消除或减小系统误差对测量的影响，首先必须判定测量过程是否存在系统误差。由于在各种测量过程中形成系统误差的因素错综复杂，目前还未有一种能查明所有系统误差的方法，因而只能根据已有的经验，归纳和总结出一些发现系统误差的一般方法。

1．实验对比法

改变测量条件或方法而进行多次测量，使测量在不同的条件下进行，通过测量结果的对比来发现系统误差。这种方法适用于发现恒值系统误差。

2．残余误差观察法

通过观察残余误差的变化状况来发现系统误差的存在。将测量序列中各测量值的残余误差按测量的先后次序排列并绘制散点图，如图3-3所示。利用散点图来观察残余误差的变化。若残余误差大体上是正负相同，无显著变化规律，如图3-3（a）所示，则无根据怀疑测量中存在系统误差。若残余误差的大小有规则地向一个方向变化，如图3-3（b）所示，则可认为测量中存在累积性系统误差。若残余误差的符号作有规律的交替变化，如图3-3（c）所示，则可认为测量中存在周期性系统误差。若残余误差如图3-3（d）所示作有规律的变化，则可认为测量中同时存在累积性系统误差和周期性系统误差。

3．残余误差校核法

把 n 次测量所得的测量值按测量先后次序，分为前 k 次和后 k 次两组。若 n 为偶数，则 $k = n/2$；若 n 为奇数，则 $k = (n+1)/2$。分别求两组测得值的残余误差的代数和，再求两代数和之差 Δ，即

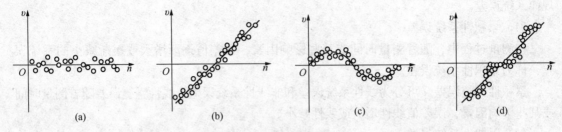

图 3-3　残余误差散点图

$$\Delta = \sum_{i=1}^{k} v_i - \sum_{i=n-k+1}^{n} v_i \tag{3-5}$$

若两代数和之差 Δ 显著不为零，则可认为测量中存在着累积性系统误差。这个准则也称为马林科夫判据。

4. 统计准则检验法

根据测量值计算某个统计量，将计算值与该统计量的限差进行比较，再根据比较结果来判断测量是否存在系统误差。若计算值不大于限差，则可认为无系统误差；否则可认为存在系统误差。

3.4.4　消除或削弱系统误差的方法

1. 从产生系统误差的根源上消除系统误差

从产生系统误差的根源上消除系统误差，这是最根本的方法。在测量之前，测量人员要详细检查测量装置，正确安装测量装置，并把测量装置调整到最佳状态。在测量过程中，应防止外界干扰的影响，尽可能减少产生系统误差的环节，如选择好观测位置以消除视差，在环境条件较稳定时进行测量等。

2. 在测量结果中利用修正值消除系统误差

对于已知的系统误差，通过对测量装置的标定，事先求出修正值，实际测量时，将测量值加上相应的修正值就可以得到被测量的实际值，以消除或减小系统误差。对于变值系统误差，设法找出系统误差的变化规律，给出修正曲线或修正公式。实际测量时，用修正曲线或修正公式对测量结果进行修正。此种方法不能完全消除系统误差，因为修正值也存在一定的小误差，但系统误差被大大削弱了。

3. 采用能消除系统误差的典型测量方法

找出系统误差的变化规律后，在测量过程中采用某些能消除或减小系统误差的方法进行测量，可以避免或减小系统误差引入测量结果。

下面列出几种能消除或减小系统误差的典型的测量方法。

（1）替代法

用检测装置对被测量进行测量后，再用同一检测装置对一已知标准量进行同样的测量，并使指示值相同，则已知标准量的量值即为被测量的量值。

例如图 3-4 所示用等臂天平测量物体的质量 X。先对被测量物体的质量 X 进行一次测量。为消除因天平臂长 $l_1 \neq l_2$ 而造成的系统误差，取下 X 后，用已知标准砝码 P 代替 X 再进行测量。若天平仍平衡，则 $X = P$；若天平不平衡，需加砝码 ΔP 才能达到平衡，则 $X = P + \Delta P$。

（2）交换法

用平衡法对被测量进行一次测量，然后把被测量与标准量的位置交换再进行一次测量，取两次测量的标准量值的平均值作为测量结果。

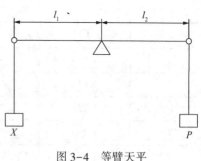

图 3-4　等臂天平

仍以图 3-4 所示用等臂天平测量物体的质量 X 为例。先对被测量物体的质量 X 进行一次测量，设所加砝码为 P。为消除因天平臂长不等而造成的系统误差，将被测物体与砝码交换位置再进行一次测量，设所加砝码为 P'，则

$$X = \sqrt{PP'} \approx (P+P')/2 \qquad\qquad (3-6)$$

（3）抵消法

适当改变测量条件对被测量进行两次测量，使两次测量所产生的系统误差大小相等、符号相反，取两次测得值的平均值作为测量结果。

替代法、抵消法、交换法对消除恒值系统误差有较好的效果。

3.5　粗大误差的处理

明显地偏离了被测量真值的测量值所对应的误差，称为粗大误差。粗大误差的产生，有测量操作人员的主观原因，如读错数、记错数、计算错误等，也有客观外界条件的原因，如外界环境的突然变化等。

含有粗大误差的测量值称为坏值。测量列中如果混杂有坏值，必然会歪曲测量结果。

为了避免或消除测量中产生粗大误差，首先要保证测量条件的稳定，增强测量人员的责任心并以严谨的作风对待测量任务。

对粗大误差的处理原则是：利用科学的方法对可疑值做出正确判断，对确认的坏值予以剔除。

剔除测量列中异常数据的标准有几种，有莱依特准则、肖维准则、格拉布斯准则等。

1. 莱依特准则

统计理论表明，测量值的偏差超过 $3\sigma_x$ 的概率已小于 1%。因此，可以认为偏差超过 $3\sigma_x$ 的测量值是其他因素或过失造成的，为异常数据，应当剔除。剔除的方法是将多次测量所得的一系列数据，算出各测量值的偏差 Δx_i 和标准偏差 σ_x，把其中最大的 Δx_j 与 $3\sigma_x$ 比较，若 $\Delta x_j > 3\sigma_x$，则认为第 j 个测量值是异常数据，舍去不计。剔除 x_j 后，对余下的各测量值重新计算偏差和标准偏差，并继续审查，直到各个偏差均小于 $3\sigma_x$ 为止。

2. 肖维准则

假定对一物理量重复测量了 n 次，其中某一数据在这 n 次测量中出现的几率不到半次，即小于 $\dfrac{1}{2n}$，则可以肯定这个数据的出现是不合理的，应当予以剔除。

根据肖维准则，应用随机误差的统计理论可以证明，在标准误差为 σ 的测量列中，若某一个测量值的偏差等于或大于误差的极限值 K_σ，则此值应当剔出。不同测量次数的误差极限值 K_σ 列于表 3-1。

表 3-1 肖维系数表

n	K_σ	n	K_σ	n	K_σ
4	1.53σ	10	1.96σ	16	2.16σ
5	1.65σ	11	2.00σ	17	2.18σ
6	1.73σ	12	2.04σ	18	2.20σ
7	1.79σ	13	2.07σ	19	2.22σ
8	1.86σ	14	2.10σ	20	2.24σ
9	1.92σ	15	2.13σ	30	2.39σ

3.6 随机误差

单个随机误差的出现具有随机性,即它的大小和符号都不可预知,但是,当重复测量次数足够多时,随机误差的出现遵循统计规律。由此可见,随机误差是随机变量,测量值也是随机变量,因此可借助概率论和数理统计的原理对随机误差进行处理,做出恰当的评价,并设法减小随机误差对测量结果的影响。

3.6.1 随机误差的性质

随机误差是由测量过程中大量彼此独立的微小因素对测量影响的综合结果造成的。随机误差来自某些不可知的原因,但大量的实践证明,只要测量的次数足够多,则测量值的随机误差的概率密度分布服从正态分布。

1. 随机误差的概率积分

若随机误差的概率密度函数为 $f(\delta)$,则随机误差出现在区间 $[a, b]$ 的概率为

$$P\{a \leqslant \delta \leqslant b\} = \int_a^b f(\delta)\, \mathrm{d}\delta \tag{3-7}$$

在实际应用中,通常考虑随机误差出现在对称区间 $[-a, a]$ 的概率,则有

$$P\{|\delta| \leqslant a\} = \int_{-a}^a f(\delta)\, \mathrm{d}\delta \tag{3-8}$$

若随机误差服从正态分布,将正态分布的概率密度函数代入上式,并考虑到概率密度函数具有对称性,有

$$P\{|\delta| \leqslant a\} = \frac{2}{\sqrt{2\pi}\,\sigma} \int_0^a \mathrm{e}^{-\frac{\delta^2}{2\sigma^2}} \mathrm{d}\delta \tag{3-9}$$

上式称为正态分布随机误差的概率积分。

令 $a = t\sigma$,有

$$P\{|\delta| \leqslant t\sigma\} = \frac{2}{\sigma\sqrt{2\pi}} \int_0^{t\sigma} \mathrm{e}^{-\frac{\delta^2}{2\sigma^2}} \mathrm{d}\delta \tag{3-10}$$

令 $z = \dfrac{\delta}{\sigma}$,作变量置换,有

$$P\{|z| \leqslant t\} = \frac{2}{\sqrt{2\pi}} \int_0^t \mathrm{e}^{-\frac{z^2}{2}} \mathrm{d}z = 2\phi(t) = erf(t) \tag{3-11}$$

式中　$\phi(t) = \dfrac{1}{\sqrt{2\pi}}\displaystyle\int_0^t e^{-\frac{z^2}{2}}\,\mathrm{d}z$，为拉普拉斯函数；$erf(t) = 2\phi(t)$，为误差函数。

　　因为 $\Phi(t)$ 的被积函数的原函数不是初等函数，所以无法用牛顿–莱布尼兹公式来计算这个积分。但是，当积分的上限（即 t）给定了以后，我们可以用矩形法、梯形法或抛物线法等数值积分方法近似计算这个积分的值。

　　2. 随机误差的置信度

　　对于服从正态分布的随机误差，当概率密度函数确定后，其概率密度分布曲线也就确定了。若给定一个概率值 $p(0<p<1)$，则能确定一个对称的误差区间 $[-a,\ a]$，满足 $P\{-a\leqslant\delta\leqslant a\}=p$。误差区间 $[-a,\ a]$ 称为置信区间，所对应的概率值 p 称为置信概率。置信区间表征随机误差的变化范围，置信概率表征随机误差出现的可能程度。置信区间越宽，相应的置信概率就越大。置信区间和置信概率共同表明了随机误差的可信赖程度。把置信区间和置信概率两者结合起来，统称为置信度。a 为置信区间的界限值，称为置信限。往往将置信限 a 表示为标准差的倍数，即 $a=t\sigma$，t 称为置信因子。令 $\alpha=1-p$，α 称为显著水平或显著度，它表示随机误差在置信区间以外出现的概率。

　　当 $t=1$，置信区间为 $[-\sigma,\ \sigma]$，相应的置信概率 $p=2\Phi(1)=2\times0.3413=0.6826$，置信水平 $\alpha=1-p=0.3174\approx1/3$，这意味着大约每 3 次测量中有一次测得值的误差落在置信区间 $[-\sigma,\ \sigma]$ 之外。

　　当 $t=2$，置信区间为 $[-2\sigma,\ 2\sigma]$，相应的置信概率 $p=2\Phi(2)=2\times0.4772=0.9544$，置信水平 $\alpha=1-p=0.0456\approx1/22$，这意味着大约每 22 次测量中有一次测得值的误差落在置信区间 $[-2\sigma,\ 2\sigma]$ 之外。

　　当 $t=3$，置信区间为 $[-3\sigma,\ 3\sigma]$，相应的置信概率 $p=2\Phi(3)=2\times0.49865=0.9973$，置信水平 $\alpha=1-p=0.0027\approx1/370$，这意味着大约每 370 次测量中有一次测得值的误差落在置信区间 $[-3\sigma,\ 3\sigma]$ 之外。

　　置信区间与相应的置信概率的关系，如图 3-5 所示。

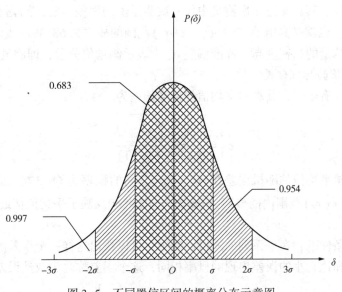

图 3-5　不同置信区间的概率分布示意图

常用在一定置信概率下的置信区间的大小来表示测量序列的精密程度，置信区间愈小，则测量序列的精密程度就愈高。

3.6.2 随机误差的计算

在实际测量中，不可能进行无数次的测量，只能进行有限次数的测量。有限次数的测量可分为单次测量和多次测量。

由于条件限制，有时对一个物理量的直接测量只能进行一次；或实验误差以仪器的误差为主；或只测一次就能达到准确度要求的测量。这种单次测量结果的误差应该根据测量的实验情况进行估算。在本书中，我们以仪表的误差作为单次测量的误差。在要求更准确的科学实验中，单次测量的误差应根据实际的系统误差规律和随机误差的可能分布用严格的误差理论来处理。

设在一组测量值中，n 次测量的值分别为：x_1，x_2，$\cdots x_n$

1. 算术平均值

根据最小二乘法原理证明，多次测量的算术平均值

$$\bar{x} = \frac{1}{n} \sum_{i=1}^{n} x_i \tag{3-12}$$

是待测量真值 x_0 的最佳估计值。称 $\bar{x}$ 为近似真实值，以后我们将用 $\bar{x}$ 来表示多次测量的近似真实值。

2. 标准偏差

根据随机误差的高斯理论可以证明，在有限次测量情况下，单次测量值的标准偏差为：

$$s_x = \sigma_x = \sqrt{\frac{\sum_{i=1}^{n}(x_i - \bar{x})^2}{n-1}} \quad (贝塞尔公式) \tag{3-13}$$

通常称 $v_i = x_i - \bar{x}$ 为偏差，或残差。s_x 表示测量列的标准偏差，它表征对同一被测量在同一条件下作 n 次（通常取 $5 \leqslant n \leqslant 10$）有限测量时，其结果的分散程度。其相应的置信概率 $p(s_x)$ 接近于 58.3%。其意义是 n 次测量中任一次测量值的误差（或偏差）落在（$\pm\sigma_x$）区间的可能性约为 68.3%，也就是真值落在（$x - \sigma_x$，$x + \sigma_x$）范围的概率为 68.3%。标准偏差 σ_x 小表示测量值密集，即测量的精密度高；标准偏差 σ_x 大表示测量值分散，即测量的精密度低。

3. 算术平均值的标准偏差

当测量次数 n 有限时，其算术平均值的标准偏差为

$$\sigma_{\bar{x}} = \frac{\sigma_x}{\sqrt{n}} = \sqrt{\frac{\sum_{i=1}^{n}(x_i - \bar{x})^2}{n(n-1)}} \tag{3-14}$$

其意义是测量平均值的随机误差在 $-\sigma_{\bar{x}} \sim +\sigma_{\bar{x}}$ 之间的概率为 68.3%。或者说，待测量的真值在（$\bar{x} - \sigma_{\bar{x}}$）$\sim$（$\bar{x} + \sigma_{\bar{x}}$）范围内的概率为 68.3%。因此 $\sigma_{\bar{x}}$ 反映了平均值接近真值的程度。

4. 或然误差

在一定测量条件下，在一系列的随机误差中，可以找出这样一个误差的值位，比它大的误差出现的概率和比它小的误差出现的概率相同，这个误差称之为或然误差 ρ。

$$P(\,|x|<\rho) = P(\,|x|>\rho) = \frac{1}{2} \tag{3-15}$$

或然误差 ρ 与标准误差之间的关系为：

$$\rho = 0.6745\sigma \approx \frac{2}{3}\sigma \qquad (3-16)$$

5. 极限误差

根据随机误差正态分布曲线，随机误差出现在 $-3\sigma_{\bar{x}} \sim +3\sigma_{\bar{x}}$ 之外的概率仅为 0.27%，则可认为超出 $\pm 3\sigma_{\bar{x}}$ 的误差将不属于随机误差，而为系统误差或过失误差。因此，常把 $\Delta = \pm 3\sigma_{\bar{x}}$ 作为极限误差，即

$$\Delta_{\lim} = \pm 3\sigma_{\bar{x}} \qquad (3-17)$$

3.7 间接测量的误差计算

在实验过程中，有些物理量是能直接测量的，如温度、压力等，有些物理量是不能够直接测量的，或直接测量很不方便，如黏度、速度、流量等。对于那些不能直接测量的物理量，一般通过直接测量一些物理量，再根据一定函数关系来计算出未知物理量，称之为间接测量。

间接测量误差的估算包括误差的传递与合成。

既然直接测量存在误差，间接测量就必然有传递误差。设间接测得量为 N，各直接测得量为 x，y，z，$\cdots$。间接测得量 N 与各直接测得量的函数关系为 $N = f(x, y, z, \cdots)$。

1. 算术平均值

将各直接测得量的测量结果(即算术平均值)代入间接测得量 N 与各直接测得量的函数关系式中，所得结果为间接测得量的最佳测量值，即测量结果(算术平均值)。

$$\bar{N} = f(\bar{x}, \bar{y}, \bar{z}, \cdots) \qquad (3-18)$$

2. 间接测得量的误差

间接测量中的误差传递公式和全微分公式相同，只要将微分符号"d"改成误差符号"Δ"，便可得到误差传递公式：

$$\Delta N = \frac{\partial f}{\partial x}\Delta x + \frac{\partial f}{\partial y}\Delta y + \frac{\partial f}{\partial z}\Delta z + \cdots \qquad (3-19)$$

若将函数先取对数，再微分后化为误差公式，则有

$\ln N = \ln f(x, y, z, \cdots)$

$$\frac{\Delta N}{N} = \frac{\partial \ln f}{\partial x}\Delta x + \frac{\partial \ln f}{\partial y}\Delta y + \frac{\partial \ln f}{\partial z}\Delta z + \cdots \qquad (3-20)$$

式(3-20)是绝对误差的传递公式，式(3-21)是相对误差的传递公式。两个公式中的 $\frac{\partial f}{\partial x}\Delta x$、$\frac{\partial f}{\partial y}\Delta y$、$\frac{\partial f}{\partial z}\Delta z$ 以及 $\frac{\partial \ln f}{\partial x}\Delta x$、$\frac{\partial \ln f}{\partial y}\Delta y$、$\frac{\partial \ln f}{\partial z}\Delta z$ 称为单项误差或分误差，各项中的偏导数称为误差传递系数。误差传递系数必须在平均值 $(\bar{x}, \bar{y}, \bar{z}, \cdots)$ 处取值。关于误差的合成，可按下列方式处理。

(1) 极限误差的合成

用算术平均偏差法处理直接测量误差的，则用极限方法，即绝对值相加的方法合成误差：

$$\Delta N = \left| \frac{\partial f}{\partial x} \Delta x \right| + \left| \frac{\partial f}{\partial y} \Delta y \right| + \left| \frac{\partial f}{\partial z} \Delta z \right| + \cdots \tag{3-21}$$

$$\frac{\Delta N}{N} = \left| \frac{\partial \ln f}{\partial x} \Delta x \right| + \left| \frac{\partial \ln f}{\partial y} \Delta y \right| + \left| \frac{\partial \ln f}{\partial z} \Delta z \right| + \cdots \tag{3-22}$$

这是因为各直接测得量的误差正、负号出现的可能性是相互独立、偶然的，存在正负误差相互抵消的可能性，估算时应考虑最不利的情况。现将常用函数关系的极限误差合成公式列于表 3-2 中。

表 3-2　常用函数关系的极限误差合成公式

函数形式	绝对误差	相对误差
$N = ax \pm by$（a，b 为常数）	$\Delta N = \mid a\Delta x \mid + \mid b\Delta y \mid$	$E_r = \dfrac{\mid a\Delta x \mid + \mid b\Delta y \mid}{a\bar{x} + b\bar{y}}$
$N = axy$（a 为常数）	$\Delta N = \mid a\bar{y}\Delta x \mid + \mid b\bar{x}\Delta y \mid$	$E_r = \dfrac{\Delta x}{\bar{x}} + \dfrac{\Delta y}{\bar{y}}$
$N = \dfrac{ax}{y}$（a 为常数）	$\Delta N = \mid \dfrac{a\Delta x}{\bar{y}} \mid + \mid \dfrac{a\bar{x}\Delta y}{\bar{y}^2} \mid$	$E_r = \dfrac{\Delta x}{\bar{x}} + \dfrac{\Delta y}{\bar{y}}$
$N = x^m$（m 为常数）	$\Delta N = \mid m\bar{x}^{m-1}\Delta x \mid$	$E_r = m\dfrac{\Delta x}{\bar{x}}$
$N = x^m y^n$（m，n 为常数）	$\Delta N = \mid m\bar{x}^{m-1}\bar{y}^n\Delta x \mid + \mid n\bar{x}^m\bar{y}^{n-1}\Delta y \mid$	$E_r = m\dfrac{\Delta x}{\bar{x}} + n\dfrac{\Delta y}{\bar{y}}$
$N = \ln x$	$\Delta N = \mid \dfrac{\Delta x}{\bar{x}} \mid$	$E_r = \mid \dfrac{\Delta x}{\bar{x}\ln\bar{x}} \mid$
$N = \sin x$	$\Delta N = \mid \cos\bar{x}\Delta x \mid$	$E_r = \mid \dfrac{\cos\bar{x}\Delta x}{\sin\bar{x}} \mid$

由表 3-2 可见，若函数为和差形式，间接测得量的绝对误差便是直接测得量的绝对误差之和。对此类函数关系的测量，先算出绝对误差，再利用相对误差和绝对误差的关系式计算相对误差，较为方便。如果函数是积商形式，因间接测得量的相对误差是各直接测得量的相对误差之和，先计算相对误差，再由相对误差求绝对误差就更简便。在使用表 3-2 时，若是多次测量，x，y，z，…，均以平均值代入。

（2）方和根合成

用标准偏差估算的各直接测得量的误差、传递过程按方和根法合成，即：将各项误差平方后相加，再开方。所得结果便是间接测量结果的标准偏差。其绝对误差和相对误差的算式分别为

$$\frac{\sigma_N}{N} = \left[\left(\frac{\partial \ln f}{\partial x} \right)^2 \sigma_x^2 + \left(\frac{\partial \ln f}{\partial y} \right)^2 \sigma_y^2 + \left(\frac{\partial \ln f}{\partial z} \right)^2 \sigma_z^2 + \cdots \right]^{\frac{1}{2}} \tag{3-23}$$

$$\sigma_N = \left[\left(\frac{\partial f}{\partial x} \right)^2 \sigma_x^2 + \left(\frac{\partial f}{\partial y} \right)^2 \sigma_y^2 + \left(\frac{\partial f}{\partial z} \right)^2 \sigma_z^2 + \cdots \right]^{\frac{1}{2}} \tag{3-24}$$

式中，σ_x、σ_y、σ_z 等在多次测量情况下，均应是平均标准偏差。

在精度要求较高的实验中，都采用方和根合成法。常用函数的方和根合成公式见表 3-3。

表 3-3　常用函数的方和根合成公式

函数形式	误差合成公式
$N = ax \pm by$ （a，b 为常数）	$\sigma = (\sigma_x^2 + \sigma_y^2)^{\frac{1}{2}}$
$N = ax$ （a 为常数）	$\sigma_N = \lvert a\sigma_x \rvert \quad \dfrac{\sigma_N}{\bar{N}} = \dfrac{\sigma_x}{\bar{x}}$
$N = \dfrac{x}{y}$ （或 $N = xy$）	$\dfrac{\sigma_N}{\bar{N}} = \left(\left(\dfrac{\sigma_x}{\bar{x}} \right)^2 + \left(\dfrac{\sigma_y}{\bar{y}} \right)^2 \right)^{\frac{1}{2}}$
$N = x^m$ （m 为常数）	$\dfrac{\sigma_N}{\bar{N}} = m \dfrac{\sigma_x}{\bar{x}}$
$N = x^m y^n$ （m，n 为常数）	$\dfrac{\sigma_N}{\bar{N}} = \left(\left(m \dfrac{\sigma_x}{\bar{x}} \right)^2 + \left(n \dfrac{\sigma_y}{\bar{y}} \right)^2 \right)^{\frac{1}{2}}$
$N = \ln x$	$\sigma_N = \dfrac{\sigma_x}{\bar{x}}$
$N = \sin x$	$\sigma_N = \lvert \cos x \rvert \cdot \sigma_x$

例 3-1　对某一物体的长度测量了 10 次，结果如下：$x_i = 63.57$、63.58、63.55 、63.56、63.59、63.55 、63.54、63.57、63.56、63.57（单位：cm），分别用算术平均误差和标准误差表示测量结果。

解：首先根据定义求出平均值 $\bar{x}$

$$\bar{x} = \frac{1}{10}\sum_{i=1}^{10} x_i = \frac{63.57+63.58+ 63.55+63.56+ 63.59+63.55+63.54+ 63.57+ 63.56+ 63.57}{10}$$

$$= 63.564 (\text{cm})$$

第二步根据 $\Delta x_i = \lvert x_i - \bar{x} \rvert$ 可求出

$\Delta x_1 = 6 \times 10^{-3} \text{cm}$，$\Delta x_2 = 16 \times 10^{-3} \text{cm}$，$\Delta x_3 = -14 \times 10^{-3} \text{cm}$，$\Delta x_4 = 4 \times 10^{-3} \text{cm}$，

$\Delta x_5 = 26 \times 10^{-3} \text{cm}$，$\Delta x_6 = -14 \times 10^{-3} \text{cm}$，$\Delta x_7 = -24 \times 10^{-3} \text{cm}$，$\Delta x_8 = 6 \times 10^{-3} \text{cm}$，

$\Delta x_9 = -4 \times 10^{-3} \text{cm}$，$\Delta x_{10} = 6 \times 10^{-3} \text{cm}$，所以算术平均误差为：

$$\Delta x = \frac{1}{10}\sum_{i=1}^{10} \lvert \Delta x_i \rvert = 12 \times 10^{-3} = 0.012 (\text{cm})$$

$\bar{x}$ 的标准误差为：

$$\sigma_{\bar{x}} = \sqrt{\frac{\sum\limits_{i=1}^{10}(x_i - \bar{x})^2}{10 \times (10-1)}} = 0.00476 \approx 0.005 (\text{cm})$$

由于随机误差本身是一个估计值，所以其结果一般只取一位或两位数字。我们统一只取一位。于是用算术平均误差表示结果为：

$$x = \bar{x} \pm \Delta x = 63.56 \pm 0.01 (\text{cm})$$

$$E_r = \frac{\Delta x}{\bar{x}} \times 100\% = 0.02\%$$

用标准误差表示为：

$$x = \bar{x} \pm \sigma_{\bar{x}} = 63.564 \pm 0.005 \, (\mathrm{cm})$$

$$E_r = \frac{\sigma_{\bar{x}}}{\bar{x}} \times 100\% = 0.01\%$$

在测量次数很多时(通常为 5 次以上),Δx 与 $\sigma_{\bar{x}}$ 存在如下关系:

$$\sigma_{\bar{x}} \approx 1.25 \frac{\Delta x}{\sqrt{n}} \tag{3-25}$$

用这种方法我们估计 $\sigma_{\bar{x}}$ 为:

$$\sigma_{\bar{x}} \approx 1.25 \frac{0.012}{\sqrt{10}} \approx 0.0047/4 \approx 0.005 \, (\mathrm{cm})$$

(3)不同性质误差的合成

自 1980 年国际计量局提出了关于实验不确定度的标准以来,越来越多地使用不确定度来处理实验误差及不同性质误差的合成。不确定度表示由于测量误差的存在而产生的对被测量值不能肯定的程度。测量结果的不确定度一般包含好几个分量,这些分量可以按估计其数值时所使用的方法归并成两类:

A 类——用统计方法计算出的分量;

B 类——用其他方法计算出的分量。

任何不确定度的详尽表述应包括列出其全部分量,并注明得出每个分量的不确定度数值时所用的方法。表达 A 类不确定度一般用标准偏差,也可用标准偏差的倍数;B 类不确定度不是用统计方法估算出来的,可借助于有关信息(如以前的数据、可能的分布规律或特点,有关材料和仪器的性能或特点,仪器说明书或检定证书、国家标准或专业标准等)估算,以等价标准偏差表达。A 类和 B 类不确定度的合成称为合成不确定度。例如,当测量结果的不确定度包含 i 个 A 类分量 s_i,j 个 B 类分量 u_j,而且这 $i+j$ 个分量都独立、互不相关时,合成不确定度

$$u_c = \left[\sum s_i^2 + \sum u_j^2 \right]^{\frac{1}{2}} \tag{3-26}$$

如果这 $i+j$ 个分量中如果有不独立、相关的分量,应用广义的方和根法合成,对此可参阅有关的专著。

B 类分量用等价标准偏差表示的方法是将误差 Δx_j 除以相应的置信因子 k_j,即

$$u_j = \frac{\Delta x_j}{k_j} \tag{3-27}$$

误差的概率分布不同,置信因子 k_j 的取值也不相同。例如按正态分布的误差落在 $(-\Delta x_j, \Delta x_j)$ 区间内的概率 $p_j = 0.50$、0.68、0.90、0.95、0.997 或 1 时,相应的置信因子为 0.67、1、1.6、2、2.6、3。实验中经常遇到的情况是已知仪器误差,但不知仪器误差的分布规律。因为仪器误差给出的是误差极限,即 $p_j = 1$,如果仪器误差随机性较强,可以假设为正态分布,$k_j = 3$;如果仪器误差系统性较强,可以假设为均匀分布,$k_j = \sqrt{3}$;如果还分辨不清,则以使不确定度的估计略为偏大的假设为原则,取 $k_j = \sqrt{3}$。即

$$u_j = \frac{\Delta x_j}{\sqrt{3}}$$

上式是已知仪器误差而不知其分布规律的情形下,决定 B 类分量的常用公式。

例 3-2 用外径千分尺测量一钢球直径的数据为 $D_i = 8.434$、8.428、8.421、8.429、8.418、8.417、8.430、8.422(单位：mm)。试用不确定度评价测量结果。

解： $\bar{D} = \dfrac{1}{8} \sum\limits_{i=1}^{8} D_i = 8.42475 \approx 8.425 \text{(mm)}$

$$\sigma_{\bar{D}} = \frac{1}{\sqrt{n}} \left[\frac{1}{n-1} \sum_{i=1}^{n} (\bar{D} - D_i)^2 \right]^{\frac{1}{2}}$$

$$= \frac{1}{8} \left[\frac{1}{7} (0.009^2 + 0.003^2 + 0.004^2 + 0.004^2 + 0.007^2 + 0.008^2 + 0.005^2 + 0.003^2) \right]^{\frac{1}{2}}$$

$$\approx 0.0022 \text{(mm)}$$

$\sigma_{\bar{D}}$ 是用统计方法得到的平均值的标准偏差，即 A 类不确定度 $s = \sigma_{\bar{D}} = 0.002$ mm。根据国家标准 GB1216—2018，在题意给定的测量范围内，千分尺的示值误差为 0.004mm。B 类不确定度用等价标准偏差表示为 $u = 0.004/\sqrt{3}$ mm。s 和 u 这两个分量是完全独立、不相关的，合成不确定度

$$u_c = (s^2 + u^2)^{\frac{1}{2}} = \left(0.0022^2 + \frac{0.004^2}{3} \right)^{\frac{1}{2}} \approx 0.003 \text{(mm)}$$

测量结果可表示为：

$$D = 8.425 \pm 0.003 \text{(mm)}$$

3.8 有效数字及其运算规则

在科学与工程中，该用几位有效数字来表示测量或计算结果，总是以一定位数的数字来表示。不是说一个数值中小数点后面位数越多越准确。实验中从测量仪表上所读数值的位数是有限的，而取决于测量仪表的精度，其最后一位数字往往是仪表精度所决定的估计数字。即一般应读到测量仪表最小刻度的十分之一位。数值准确度大小由有效数字位数来决定。

1. 有效数字

一个数据，其中除了起定位作用的"0"外，其他数都是有效数字。如 0.0037 只有两位有效数字，而 370.0 则有四位有效数字。一般要求测试数据有效数字为 4 位。要注意有效数字不一定都是可靠数字。如测流体阻力所用的 U 形管压差计，最小刻度是 1mm，但我们可以读到 0.1mm，如 342.4mmHg。又如二等标准温度计最小刻度为 0.1℃，我们可以读到 0.01℃，如 15.16℃。此时有效数字为 4 位，而可靠数字只有三位，最后一位是不可靠的，称为可疑数字。记录测量数值时只保留一位可疑数字。

为了清楚地表示数值的精度，明确读出有效数字位数，常用指数的形式表示，即写成一个小数与相应 10 的整数幂的乘积。这种以 10 的整数幂来记数的方法称为科学记数法。

如　　75200　　有效数字为 4 位时，记为 7.520×10^5

　　　　　　　　有效数字为 3 位时，记为 7.52×10^5

　　　　　　　　有效数字为 2 位时，记为 7.5×10^5

　　　0.00478　有效数字为 4 位时，记为 4.780×10^{-3}

　　　　　　　　有效数字为 3 位时，记为 4.78×10^{-3}

　　　　　　　　有效数字为 2 位时，记为 4.7×10^{-3}

2. 有效数字运算规则

① 记录测量数值时，只保留一位可疑数字。

② 当有效数字位数确定后，其余数字一律舍弃。舍弃办法是四舍六入，即末位有效数字后边第一位小于 5，则舍弃不计；大于 5 则在前一位数上增 1；等于 5 时，前一位为奇数，则进 1 为偶数，前一位为偶数，则舍弃不计。这种舍入原则可简述为："小则舍，大则入，正好等于奇变偶。"

如：保留 4 位有效数字 $3.71729 \rightarrow 3.717$

$5.14285 \rightarrow 5.143$

$7.62356 \rightarrow 7.624$

$9.37656 \rightarrow 9.376$

③ 在加减计算中，各数所保留的位数，应与各数中小数点后位数最少的相同。例如将 24.65、0.0082、1.632 三个数字相加时，应写为 $24.65 + 0.01 + 1.63 = 26.29$。

④ 在乘除运算中，各数所保留的位数，以各数中有效数字位数最少的那个数为准；其结果的有效数字位数亦应与原来各数中有效数字最少的那个数相同。例如：

$0.0121 \times 25.64 \times 1.05782$ 应写成 $0.0121 \times 25.6 \times 1.06 = 0.328$

上例说明，虽然这三个数的乘积为 0.3281823，但只应取其积为 0.328。

⑤ 在对数计算中，所取对数位数应与真数有效数字位数相同。

3.9 等精度测量结果的数据处理

根据随机误差处理方法及判别系统误差是否存在的准则，可对等精度测量结果实验数据进行加工处理，其步骤如下：

① 计算测量列的算术平均值 $\bar{x}$。

② 计算各测量值的残余误差 v_i。

③ 计算测量列的标准差 s。

④ 判别是否存在系统误差。

利用系统误差判定方法判定测量是否存在系统误差。若存在系统误差则应对测量值进行修正；若无修正值，则设法消除产生系统误差的根源或改进测量方法，重新进行测量。

⑤ 判别是否存在粗大误差。

利用坏值判定准则判定是否存在坏值。若有坏值，应将坏值剔除，重新计算算术平均值和标准偏差。

⑥ 计算算术平均值的标准差 $s_{\bar{x}}$。

⑦ 取定置信概率 p，确定置信因子 t，计算极限误差 $\delta_{\bar{x}\lim} = ts_{\bar{x}}$。

⑧ 写出测量结果表达式

$$x = \bar{x} \pm \delta_{\bar{x}\lim} \tag{3-28}$$

测量数据处理过程的数字计算较多，也比较繁琐，为减少运算差错，便于查错，应采用数据表格的形式进行数据的运算处理。

可将实验数据的处理归纳为：

① 按实验的要求计算结果(写出公式、代入数据及计算结果)，运算过程应符合有效数字规则的要求。

② 绝对误差只取一位有效数字。相对误差一般取一位(或二位)有效数字,多余的数按进位法舍弃。

③ 测量结果的有效数字位数依据绝对误差来取舍,最后一位应和绝对误差所在位置对齐。

④ 测量结果表达形式:

$$x = \bar{x} \pm \Delta x \qquad\qquad\qquad x = \bar{x} \pm \sigma_{\bar{x}}$$

$$E_r = \frac{\Delta x}{\bar{x}} \times 100\% \qquad 或 \qquad E_r = \frac{\sigma_{\bar{x}}}{\bar{x}} \times 100\%$$

因为 Δx(或 $\sigma_{\bar{x}}$)反映的是存在误差而不可靠的数字,因此测量结果的误差一般只取一位不为零的有效数字,最多两位。又因为 $\bar{x}$ 中与 Δx 同位的数字就是存疑数字,存疑位后面的数字没有保留的必要,可按数字的修约规则处理。因此测量值与误差的末位应一致,即由误差决定测量值的存疑位。实验最后结果的相对误差一般只取一位有效数字,最多两位。但有些实验误差估算时是先算相对误差,然后根据 $\Delta x = \bar{x} \cdot E_r$ 算出绝对误差,这时为了不损失测量的准确度,相对误差应取两位有效数字。

3.10 测量数据的处理

数据处理就是把实验所得到的原始数据,通过分析、整理、概括和计算,找出各量之间的内在规律性,求得实验结果。这是实验的重要步骤。常用的数据处理方法有列表法、作图法、曲线拟合法、逐差法等。

3.10.1 列表法

列表法就是将一组有关的测量数据和相应的计算按测量先后或计算顺序列成表格。这样各物理量之间的对应关系简单而又清楚地表示出来了,便于检查测量结果是否合理,便于查找各有关量之间的规律性联系,还有利于有效数字的简化,有利于分析误差与计算结果,也容易发现问题。列表法是科技工作者最常用的一种处理数据的方法。

列表时应遵守下列原则:

① 各栏目的排列顺序与测量先后或计算顺序相对应,简单明了。

② 分类清楚,顺序一致,格式整齐美观。便于看出实验数据间的关系,便于归纳处理。

③ 在表格的上方写上表格的名称,在表格内的标题栏中注明物理量的名称和单位,不要把单位一一写在数字后。

④ 数据应正确反映测量结果的有效数位。数字较大或较小时应用科学记数法,表格同一列(行)统一科学记数法时应在标题栏中物理量单位旁注明,而不必每个数据后都写。

3.10.2 作图法

作图法是在坐标纸上用图线来描述各物理量之间的关系的一种方法。这个方法可以形象地、直观地表示出量与量之间的关系及变化规律,因而它是寻找量与量之间的函数关系,寻求经验公式的最常用、最有效的方法之一。把实验数据用图线表示出来的方法称为图示法,利用图线求出经验公式的方法称为图解法。

用图示法可以做出仪器的校准曲线。图示法可以方便地得到许多有用的参量，如极值、直线的斜率和截距等；采用内插法可以直接读出未观测区域中的值；采用外推法，在一定条件下，可以直接读到测量数据范围以外的数据。

1. 图示法规则

（1）标写图名

在坐标图下方中央或上方中央适当位置标明图号、图线名称。

（2）坐标纸的选择

用标准方格坐标纸，坐标纸的大小根据实验数据的有效数位和数值范围来确定。以横坐标代表自变量，纵坐标代表因变量，原则上坐标纸的一小格（也可取二小格）代表可疑数字前面的一位数字，即坐标轴上的最小分度值应与测量仪器的最小刻度相对应。可靠数据在图中也是可靠的，不可靠数据在图中是估计的。以保证图上读数的有效数位不少于测量数据的有效数位，即不牺牲数据的精度，也不应夸大精度。

（3）定坐标轴和坐标分度

用粗实线在坐标纸上画好坐标轴，在轴端写上物理量的名称（符号和单位，单位写于斜分数线下），如物理量方向相反时应在符号旁标明正负。在坐标轴上按比例标出若干的分度值。分度值的选取应便于读数，坐标轴的起点不一定为"0"。例如在常用的毫米方格坐标纸上，应以 1cm 代表 1、2、4、5 等数字，而不代表 3、7、9 等。分度的数字只需相隔 10 格或 5 格写一个，测量数据不应写在坐标纸轴上。分度范围应包括测量数据并略有富余，以便图线能比较均匀对称地在坐标图上居中间位置，而不只占一角落。

（4）描点和连线

根据测量数据，用"+"准确标出各点的坐标。当一张图上要画几条曲线时，每条曲线采用不同的符号标出，如"×""Δ""⊙"等。坐标纸上标出的数据点，每一点都包含误差，因此数据点不一定都在同一光滑曲线上。由于系统误差的特征是定向偏离，随机误差的特征是偏离过大或过小，过失误差的特征是偏离很大，因而我们不能也不可能使曲线通过所有的点，但我们必须使曲线通过尽可能多的点，并使不在曲线上的点大致均匀地分布在曲线两侧。对于偏离过大的个别点应当舍去或重新测量核对。

2. 图解法

根据图示法画出的实验图线，利用解析几何知识判断图线的类型，采用以下方法决定有关参数。

（1）实验图线是直线

这时横坐标 x 和纵坐标 y 反映的物理规律应该有关系 $y=kx+b$，用图解法决定参数 k（斜率）和 b（截距）时，应在直角坐标图线上选取不太近的两点 (x_1, y_1) 和 (x_2, y_2)，这两点的坐标最好为整数，但不能用原始数据。斜率 $k=(y_2-y_1)/(x_2-x_1)$，当 $x=0$ 时 y 的值就是截距 b。或者再选取一点 $P_3(x_3, y_3)$，则 $b=y_3-x_3(y_2-y_1)/(x_2-x_1)$。

实验中，有时我们只能获得有限的几个实验数据点，根据实验数据画出的实验曲线，反映了在某一范围内两物理量之间的关系。在该范围内，物理量之间的对应值可以一一求得，这种图解法称为内插法。对于区域外的两物理量之间的关系要用外推法求来。

例 3-3 测定金属电阻的温度系数。金属电阻随温度的变化关系为：

$$R_t = R_0(1+\alpha t) = R_0 + R_0\alpha t$$

式中，R_t 为 $t℃$ 时电阻，R_0 为 $0℃$ 时的电阻，α 为该金属的电阻温度系数。实验测量是从 $20℃$ 开始的，测量数据见表 3-4。由表 3-4 数据作图 3-6。

恰当选取 A（55.0，64.5）、B（25.0，45.7）两点，则直线斜率为

$$\alpha R_0 = \frac{64.5 - 45.7}{55.0 - 25.0} = 0.627 (\Omega/℃)$$

将直线外推，使之与纵坐标相交即可得：

$$R_0 = 30.0 (1/℃)$$

$$\alpha = \frac{0.627}{30.0} = 2.08 \times 10^{-2} (1/℃)$$

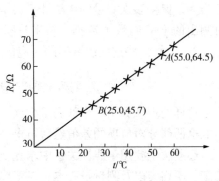

图 3-6　电阻随温度的变化

表 3-4　测定电阻随温度的变化

$t/℃$	20.0	25.0	30.0	35.0	40.0	45.0	50.0	55.0	60.0
R_t/Ω	42.8	45.7	48.8	52.0	55.1	58.1	61.3	64.5	67.6

（2）实验图线不是直线

由于线性关系比非线性关系简单、准确、易于处理、误差小，又由于直线是能够高度精确画出的图线，因此在实际工作中，常常将非线性关系通过适当的变换化为线性关系来处理。即把非直线图线化为直线图线（称为曲线的改直），然后再图解。表 3-5 是几种常用的曲线改直的函数关系，表中的 k、a、b 都为常数。

表 3-5　几种常用的函数曲线改直

函数形式	坐　标	斜　率	截　距	应使用的坐标纸
$y = k/x$	$y \sim 1/x$	k	0	直角坐标纸
$y = kx^2 + b$	$y \sim x^2$	k	b	直角坐标纸
$y = kx^{\frac{1}{2}} + b$	$y \sim x^{\frac{1}{2}}$	k	b	直角坐标纸
$y = a^x \cdot b$	$\ln y \sim x$	$\ln a$	$\ln b$	单对数坐标纸
$y = ax^k$	$\ln y \sim \ln x$	k	$\ln a$	双对数坐标纸

3.10.3　逐差法处理数据

当两个物理量之间存在线性关系 $y = kx + b$ 时，对这两个物理量进行 $2n$ 次测量，获得了一组数据 $(x_i, y_i) i = 1, 2, \cdots, 2n$。为了从 $\overline{\Delta y} / \overline{\Delta x}$ 得到 $\bar{k}$，测量时 x 的取值间隔相等，即 Δx 为常量。为了计算相应 y 变化的平均值 $\overline{\Delta y}$，我们采用逐项相减再求平均值的方法：

$$\overline{\Delta y} = \frac{1}{2n-1} [(y_2 - y_1) + (y_3 - y_2) + \cdots + (y_{2n-1} - y_{2n-2}) + (y_{2n} - y_{2n-1})] = \frac{y_{2n} - y_1}{2n-1} \quad (3-29)$$

可见这种方法使中间的测量值全部抵消，只有首、末两次测量值起作用，与 x 一次改变 $(2n-1)\Delta x$ 时单次测量的效果一样。

为了保持多次测量的优越性，将全部实验数据都利用上，在 x 以相等间隔 Δx 依次取值时测出的 y 的偶数个数据，按顺序分为前后两组，前组是 y_1，y_2，$\cdots$，y_n，后组是 y_{n+1}，y_{n+2}，$\cdots$，y_{2n}。将这两组数据的对应值逐项相减，得到 x 改变 $n\Delta x$ 时 y 变化的平均值

$$\overline{\Delta y} = \frac{1}{n}\left[(y_{n+1}-y_1)+(y_{n+2}-y_2)+\cdots+(y_{2n-1}-y_{n-1})+(y_{2n}-y_n)\right] \tag{3-30}$$

这样处理就利用了全部测量数据。像这样将偶数个实验数据分为前后相等的两部分，逐项取这两部分对应项的差值然后再求平均值的方法称为逐差法。

逐差法主要用于线性关系中求比例系数（斜率），以减小或消除由于仪器的不准确、不稳定、不均匀以及测量过程本身对于线性关系的偏离。

3.10.4 曲线拟合法

在测量数据的处理中，通常需要根据实际测量所得的数据，求得反映各变量之间的最佳函数关系的表达式。例如，通过测量得到变量 y 与自变量 x_1，x_2，$\cdots$，x_n 的 m 组测量数据

$$(x_{1i}，x_{2i}，\cdots，x_{ni}，y_i) \quad i=1，2，\cdots，m$$

通常需要根据实测得到的这 m 组数据求出这变量之间所满足的函数关系式

$$y=f(x_1，x_2，\cdots，x_n)$$

如果变量间的函数形式根据理论分析或以往的经验已经确定了，而其中有一些参数是未知的，则需要通过测量数据来确定这些参数；如果变量间的具体函数形式还没有确定，则需要通过测量数据来确定函数形式和其中的参数。

根据实际测量所得的数据，求得反映各变量之间的最佳函数关系的表达式，这一过程称之为数据拟合。所求得的函数关系式为拟合方程式。若所求得的函数关系式为线性方程式，则称之为直线拟合，根据求得的函数关系式所做出的直线称为拟合直线。若所求得的函数关系式为非线性方程式，则称之为曲线拟合，根据求得的函数关系式所做出的曲线称为拟合曲线。

从实验数据求经验方程，称为方程的回归问题。所求得的函数关系式称为回归方程。若所求得的回归方程是线性方程，则所进行的回归分析称为线性回归。回归分析通常是应用最小二乘法进行求解的。

最小二乘法是一种在多学科领域中获得广泛应用的数据处理方法，利用最小二乘法，可以解决参数的最可信赖值估计、组合测量的数据处理、数据拟合和回归分析等一系列数据处理问题。最小二乘法，也称最小平方法，核心思想就是通过最小化误差的平方和，使得拟合对象无限接近目标对象。

将最小二乘法应用于等精度测量的数据拟合，其基本原则是：各个实测的数据点与拟合曲线的偏差（即残余误差）的平方和应为最小值。

回归分析实质上就是应用数理统计的方法，对测量数据进行分析和处理，从而求出反映变量间相互关系的经验公式，即回归方程。通常回归分析包括以下三个方面的内容：

① 从一组数据出发，确定回归方程的形式，即经验公式的类型；

② 求回归方程中的未定系数，即回归参数；

③ 对回归方程的可信赖程度进行统计检验。

若所求得的回归方程是一元一次线性方程，则所进行的回归分析称为一元线性回归。一元线性回归是最简单、也是最基本的回归分析。本书侧重于介绍用最小二乘法进行一元线性

回归分析。

1. 一元线性回归的数学模型

设两个变量 x 和 y 之间存在一定的关系，通过测量得到变量 y 与自变量 x 的 n 组测量数据 (x_i, y_i) $(i=1, 2, \cdots, n)$。

通常需要根据实测得到的这 n 组数据求出这两个变量之间所满足的函数关系式，即回归方程。

为了研究变量 y 与自变量 x 之间的关系，可把数据点在坐标纸上，得到如图 3-7 所示的图形，这种图称为散点图。从散点图可以看出，变量 y 与自变量 x 之间大致成一条直线，因此我们可假设变量 y 与自变量 x 之间的内在关系是线性关系。这些点与直线的偏离是由测量过程中其他一些随机因素的影响而引起的。这样我们就可以假设这组测量数据有如下结构形式的关系式：

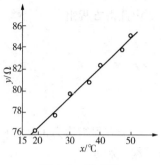

图 3-7　散点图

$$y_i = \beta_0 + \beta_1 x_i + \varepsilon_i \qquad (i=1, 2, \cdots, n) \qquad (3-31)$$

式中，ε_i 表示其他随机因素对 $y_1, y_2, \cdots, y_n$ 影响的总和，一般假设它们是一组相互独立、并服从同一正态分布的随机变量。自变量 x 可以是随机变量，也可是一般变量，不特别指出时，都作一般变量处理，即它是可以精确测量或严格控制的变量。这样，变量 y 是与 ε 服从同一正态分布的随机变量。式(3-31)就是一元线性回归的数学模型。

2. 回归方程的参数估计

将通过测量得到变量 y 与自变量 x 的 n 组测量数据 (x_i, y_i)，$(i=1, 2, \cdots, n)$ 代入式(3-31)，就可以得到一组测量方程，该方程组的每个方程形式都相同，即都为式(3-31)的形式。由式(3-31)组成的方程组中有两个未知数，且方程个数大于未知数的个数，适合于用最小二乘法来求解。

用最小二乘法来估计式(3-31)的两个未知参数 β_0 和 β_1，称为回归方程的参数估计。设 b_0 和 b_1 分别是参数 β_0 和 β_1 的最小二乘估计值，于是可得到一元线性回归的回归方程

$$\hat{y} = b_0 + b_1 x \qquad (3-32)$$

一元线性回归方程(3-32)的图示是一条直线，称为回归直线。式中，b_0 是回归直线在 y 轴上的截距，b_1 是回归直线的斜率。b_0 和 b_1 称之为回归方程(3-31)的回归系数。一元线性回归的目的就是求出回归方程的回归系数 b_0 和 b_1。由于 b_0 和 b_1 是估计值，由回归方程(3-32)求得的 $\hat{y}$ 是变量 y 的估计值，称为回归值。

对于每一个自变量 x_i，由式(3-32)可以确定一个回归值 $\hat{y}_i = b_0 + b_1 x_i$，实际测得值 y 与回归值 $\hat{y}_i$ 之差就是残余误差

$$v_i = y_i - \hat{y}_i = y_i - b_0 - b_1 x_i \qquad (i=1, 2, \cdots, n) \qquad (3-33)$$

应用最小二乘法求解回归系数，就是在使残余误差平方和为最小的条件下求解回归系数 b_0 和 b_1。

3. 正规方程组

令偏差的平方和 $Q = \sum_{i=1}^{n} v_i^2$，由于最小二乘法是使偏差的平方和最小的数据处理的方法，即认为满足 $Q = \min$ 的一组解为最可信赖的解。可令

37

$$\left.\begin{array}{l} \dfrac{\partial Q}{\partial b_0}=0 \\[3mm] \dfrac{\partial Q}{\partial b_1}=0 \end{array}\right\} \tag{3-34}$$

由此得方程组

$$\left.\begin{array}{l} \displaystyle\sum_{i=1}^{n} y_i = nb_0 + b_1 \sum_{i=1}^{n} x_i \\[4mm] \displaystyle\sum_{i=1}^{n} x_i y_i = b_0 \sum_{i=1}^{n} x_i + b_1 \sum_{i=1}^{n} x_i^2 \end{array}\right\} \tag{3-35}$$

这个方程组称为正规方程。正规方程有唯一的一组解。通过求解正规方程，即可求得回归系数 b_0 和 b_1。

$$b_1 = \frac{n \displaystyle\sum_{i=1}^{n} x_i y_i - \left(\displaystyle\sum_{i=1}^{n} x_i\right)\left(\displaystyle\sum_{i=1}^{n} y_i\right)}{n \displaystyle\sum_{i=1}^{n} x_i^2 - \left(\displaystyle\sum_{i=1}^{n} x_i\right)^2} = \frac{L_{xy}}{L_{xx}} \tag{3-36}$$

$$b_0 = \frac{\left(\displaystyle\sum_{i=1}^{n} x_i^2\right)\left(\displaystyle\sum_{i=1}^{n} y_i\right) - \left(\displaystyle\sum_{i=1}^{n} x_i\right)\left(\displaystyle\sum_{i=1}^{n} x_i y_i\right)}{n \displaystyle\sum_{i=1}^{n} x_i^2 - \left(\displaystyle\sum_{i=1}^{n} x_i\right)^2} = \bar{y} - b_1 \bar{x} \tag{3-37}$$

式中　　$\bar{x} = \dfrac{1}{n}\displaystyle\sum_{i=1}^{n} x_i$，$\bar{y}_i = \dfrac{1}{n}\displaystyle\sum_{i=1}^{n} y_i$ ——n 组测量数据中两变量的算术平均值；

$L_{xx} = \displaystyle\sum_{i=1}^{n} x_i^2 - \dfrac{1}{n}\left(\displaystyle\sum_{i=1}^{n} x_i\right)^2$ ——变量 x 的离差平方和；

$L_{xy} = \displaystyle\sum_{i=1}^{n} x_i y_i - \dfrac{1}{n}\left(\displaystyle\sum_{i=1}^{n} x_i\right)\left(\displaystyle\sum_{i=1}^{n} y_i\right)$ ——变量 x、y 的协方差。

4. 回归方程的方差分析

回归方程的方差分析是对回归方程的拟合精确度做出估计。常用残余标准差 s 作为回归方程的精确度指标，s 越小，回归方程的精确度就越高。s 的定义为

$$s = \sqrt{\frac{Q}{n-2}} \tag{3-38}$$

式中　　$Q = L_{yy} - b_1^2 L_{xx} = L_{yy} - b_1 L_{xy}$ ——残余平方和，即所有测量点距回归直线的残余误差的平方和；

$L_{yy} = \displaystyle\sum_{i=1}^{n} y_i^2 - \dfrac{1}{n}\left(\displaystyle\sum_{i=1}^{n} y_i\right)^2$ ——变量 y 的离差平方和。

5. 一元线性回归的求解步骤

一元线性回归可按以下步骤求解：

① 确定两变量间的函数关系。为确定两变量间的函数关系，可将测量数据在坐标上描出散点图。观察散点图，以确定两变量间是否大致呈线性关系。

② 在求解正规方程的过程中，不必列出正规方程，只需按以下步骤进行运算即可。为便于运算与记忆，将测量数据和相应的计算结果列成如表 3-6 和表 3-7 形式的表格。

③ 求 n 组测量数据中两变量的算术平均值 $\bar{x}$ 和 $\bar{y}$。

④ 求离差平方和 L_{xx}、L_{yy} 和协方差 L_{xy}。

⑤ 求回归系数

$$b_1 = \frac{L_{xy}}{L_{xx}}, \quad b_0 = \bar{y} - k\bar{x}$$

⑥ 写出回归方程 $\hat{y} = b_0 + b_1 x$。

⑦ 残余标准偏差 s，进行回归方程的方差分析。

例 3-4 测量某导线在一定温度 x 下的电阻值 y，得如下结果：

x/℃	19.1	25.0	30.1	36.0	40.0	46.5	50.0
y/Ω	76.30	77.80	79.75	80.80	82.35	83.90	85.10

试求出两变量间的关系式。

解： ① 确定两变量间的函数关系

为确定两变量间的函数关系，可将测量数据在坐标上描出散点图，如图 3-7 所示。从散点图上可以看出，电阻 y 与温度 x 大致呈线性关系。由此可得到回归方程的形式为

$$\hat{y} = b_0 + b_1 x$$

式中，b_0、b_1 为回归方程的回归系数。

② 将测量数据和相应的计算结果列成表 3-6 和表 3-7 形式的表格。

表 3-6　例 3-4 数据运算表（1）

i	x	y	x^2	y^2	xy
1	19.1	76.30	364.81	5821.690	1457.330
2	25.0	77.80	625.00	6052.840	1945.000
3	30.1	79.75	906.01	6360.062	2400.475
4	36.0	80.80	1296.00	6528.840	2908.800
5	40.0	82.35	1600.00	6781.522	3294.000
6	46.5	83.90	2162.25	7039.210	3901.350
7	50.0	85.10	2500.00	7242.010	4255.000
Σ	246.7	566.00	9454.07	45825.974	20161.955

表 3-7　例 3-4 数据运算表（2）

$\sum x_i = 246.7$	$\sum y_i = 566.00$	
$\bar{x} = \frac{1}{n}\sum\limits_{i=1}^{n} x_i = \frac{246.7}{7} = 35.243$	$\bar{y}_i = \frac{1}{n}\sum\limits_{i=1}^{n} y_i = \frac{566.00}{7} = 80.857$	
$\sum x_i^2 = 9545.07$	$\sum y_i^2 = 45825.974$	$\sum x_i y_i = 20161.955$
$(\sum x_i)^2/n = 8694.413$	$(\sum y_i)^2/n = 45765.143$	$(\sum x_i)(\sum y_i)/n = 19947.457$
$L_{xx} = 759.657$	$L_{yy} = 60.831$	$L_{xy} = 214.498$

③ 求回归系数

$$b_1 = \frac{L_{xy}}{L_{xx}} = \frac{214.498}{759.657} = 0.2824$$

$$b_0 = \bar{y} - b_1\bar{x} = 80.857 - 0.2824 \times 35.243 = 70.90$$

④ 写出回归方程

$$\hat{y} = b_0 + b_1 x = 70.90 + 0.2824x$$

⑤ 进行回归方程的方差分析

求残余标准偏差 s

$$s = \sqrt{\frac{Q}{n-2}} = \sqrt{\frac{L_{yy} - b_1 L_{xy}}{n-2}} = \sqrt{\frac{60.831 - 0.2824 \times 214.498}{7-2}} = 0.2266$$

第4章　测量技术

热工实验中经常使用温度、压力、流量和流速等各种测量仪表。测量仪表选择适当，测试技术合理，才能保证实验数据的可靠。因此可以说，测量技术是保证科学实验成功的重要条件。为此，在充分研究实验过程后，应了解测量仪表的结构和适用情况，选择适合于实验条件的测量方法、测量仪表。本章将介绍仪器仪表的选择、操作使用与维护。

4.1　温度测量技术

4.1.1　概述

在热工生产中温度是最常见和非常重要的物理参数。由于物体的很多物理及化学性质都与温度有关，很多生产过程都必须在适当的温度下才能进行，因此，对温度进行精确的测量和控制十分重要。

4.1.1.1　温标

温度是反映物体冷热程度的一个状态参数，也可以说是对物体冷热程度的一种度量。而温标是温度的数值表示方法，是温度的标尺。常用温标有摄氏温标($℃$)、华氏温标($℉$)、热力学温标(K)和国际实用温标四种。各种温标下温度之间的换算关系见表4-1。

表4-1　各种温标下温度之间的换算关系

待求温度	已知温度	变换公式
华氏	摄氏	$℉ = 9/5℃ + 32$
摄氏	华氏	$℃ = 5/9(℉ - 32)$
热力学	摄氏	$K = ℃ + 273.15$

国际实用温标是用来复现热力学温标的，并使之尽可能接近热力学温度。自1927年建立以来，做过多次修改，最近一次修改版是国际计量委员会根据1987年第18届国际计量大会第7号决议的要求，于1989年会议通过的《1990国际实用温标》(ITS—90)，自1990年1月1日起使用。

《1990国际实用温标》(ITS—90)的内容如下：

1. 定义固定点

基本的物理量为热力学温度，符号为T，单位为开尔文(K)。它规定水的三相点热力学温度为273.16K，1开尔文等于水三相点热力学温度的1/273.16。沿袭习惯，温度也可以用摄氏温度表示，符号为t，单位为摄氏度($℃$)。它定义为：$t = T - 273.15$。

ITS—90所包含的温度范围自0.65K至单色辐射温度计可测量的最高温度，定义了17个固定点和温度点，包括14种纯物质的三相点、熔点和凝固点以及3个用蒸气温度计或气体温度计测定的温度点。

2. 基准仪器

ITS—90 将温区划分为 4 段，规定了每段温度范围内复现热力学温标的基准仪器。

① 0.65~5.0K 之间的基准仪器为：3He 或 4He 蒸气压温度计；

② 3.0~24.5561K 之间的基准仪器为：3He 或 4He 定容气体温度计；

③ 13.8033K~961.78℃ 之间的基准仪器为：铂电阻温度计；

④ 961.78℃ 以上温区的基准仪器为：光学或光电高温计。

上述①、②属于低温区；③属于中温区；④属于高温区。

3. 内插公式

规定了基准仪器的示值与国际温标温度之间的内插公式。每种内插标准仪器在 n 个固定点温度下分度，以此求得相应温度区内插公式中的常数[如铂 $R = f(T)$]。

4.1.1.2 测温方式

各种测温方法是基于物体的某些物理化学性质与温度有一定的关系而产生的。如：物体的几何尺寸、颜色、电导率、热电势和辐射强度等。当温度不同时，以上这些参数中的一个或几个随之变化，测出这些参数的变化，就可间接地知道被测物体的温度。

温度测量方法大体可分为：接触法测量和非接触法测量。

1. 接触法测温

（1）原理

由热平衡原理可知，两个物体接触后经过足够长时间达到热平衡，则它们的温度必然相等。如果其中之一为温度计，就可以用它对另一个物体实现温度测量，这种测温方式称为接触法测温，以此为基础设计的温度计称为接触式测温仪表。测量时温度计必须与被测物体直接接触，充分换热。主要是测量低温。

（2）优点

① 测温准确度相对较高，主观可靠。

② 系统结构相对简单，测温仪表价格较低。

③ 可测量任何部位温度。

④ 便于多点集中测量和自动控制。

（3）缺点

① 测温有较大滞后。

② 接触过程中易破坏被测对象的温度场分布和热平衡状态。

③ 不能测量移动的或太小的物体。

④ 测温上限受到温度计材质的限制，故所测温度不能太高。

⑤ 易受被测介质的腐蚀作用，对感温元件的结构、性能要求苛刻，恶劣环境下使用需外加保护套管。

2. 非接触法测温

（1）原理

基于物体的热辐射原理设计而成。测量时感温元件不与被测对象直接接触。通常用来测定 1000℃ 以上，移动、旋转或反应迅速的高温物体的温度或表面温度。

（2）优点

① 测温范围广，适于高温物体测量。

② 测温过程中不破坏被测对象温度场，不影响原温度场分布。

③ 能测运动物体温度。

④ 热惯性小，探测器的响应时间短，测温响应速度快，约 $2 \sim 3s$。易于实现快速与动态温度测量。在一些特定条件下，如核子辐射场，辐射测温可以进行准确而可靠的测量。

（3）缺点

① 不能直接测得被测对象的真实温度，精度不高。

② 辐射温度计的测量受中间介质的影响较大，特别是工业现场条件下，周围环境比较恶劣，中间介质对测量结果影响较大。这种情况下温度计波长范围的选择是很重要的。

③ 辐射测温原理复杂，导致温度计结构复杂，价格较高。

4.1.1.3 测温仪表分类

根据测温原理不同，接触测温仪表又可分为若干种类：

① 膨胀式温度计：液体膨胀式温度计，如水银温度计；固体膨胀式温度计，如双金属温度计，杆式温度计。

② 压力式温度计：液体压力式温度计，蒸气压力式温度计，气体压力式温度计（定容体积变化产生压力变化）。

③ 电阻温度计。

④ 热电偶温度计。

非接触测温仪表又可分为光学温度计、辐射温度计、比色温度计。

常见测温方式和仪表分类见表 4-2。

表 4-2　常见测温方式和仪表分类

测温方式	温度计种类		测温范围/℃	优点	缺点
接触式测温仪表	膨胀式	玻璃液体	$-50 \sim 600$	结构简单，使用方便，测量准确，价格低廉	测量上限和精度受玻璃质量的限制，易碎，不能记录远传
		双金属	$-80 \sim 600$	结构紧凑，牢固可靠	精度低，量程和使用范围有限
		液体 气体 蒸气	$-30 \sim 600$ $-20 \sim 350$ $0 \sim 250$	结构简单，耐震，防爆能记录、报警，价格低廉	精度低，测温距离短，滞后大
	热电偶	铂铑-铂 镍铬-镍硅 镍铬-考铜	$0 \sim 1600$ $-50 \sim 1000$ $-50 \sim 600$	测温范围广，精度高，便于远距离、多点、集中测量和自动控制	需冷端温度补偿，在低温段测量精度较低
	热电阻	铂 铜	$-200 \sim 600$ $-50 \sim 150$	测量精度高，便于远距离、多点、集中测量和自动控制	不能测高温，需注意环境温度的影响
非接触式测温仪表	辐射式	辐射式 光学式 比色式	$400 \sim 2000$ $700 \sim 3200$ $900 \sim 1700$	测温时，不破坏被测温度场	低温段测量不准，环境条件会影响测温准确度
	红外线	光电探测 热电探测	$0 \sim 3500$ $200 \sim 2000$	测温范围大，适于测温度分布，不破坏被测温度场，响应快	易受外界干扰，标定困难

4.1.2　膨胀式温度仪表

膨胀式温度计是利用物体受热膨胀的原理制成的温度计，主要有液体膨胀式温度计、固体膨胀式温度计和压力式温度计三种。

4.1.2.1　液体膨胀式温度计

最常见的是玻璃管式温度计。它主要由液体储存器、毛细管和标尺组成。根据所充填的液体介质不同能够测量$-200\sim750℃$范围的温度。

1. 测温原理

玻璃管液体温度计是利用液体体积随温度升高而膨胀的原理制作而成。

由于液体膨胀系数α远比玻璃的膨胀系数α'大，因此当温度变化时，就引起工作液体在玻璃管内体积的变化，从而表现出液柱高度的变化。若在玻璃管上直接刻度即可读出被测介质的温度值。为了防止温度过高时液体胀裂玻璃管，在毛细管顶部须留有一膨胀室。

温度变化所引起的工作液体体积变化为

$$V_{T1} = V_{T0}(\alpha-\alpha')t_1$$
$$V_{T2} = V_{T0}(\alpha-\alpha')t_2 \tag{4-1}$$
$$\Delta V = V_{T1}-V_{T2} = V_{T0}(\alpha-\alpha')(t_1-t_2)$$

式中，V_{T0}、V_{T1}、V_{T2}分别为工作液体在$0℃$、t_1、t_2时的体积；α、α'分别为工作液体和玻璃的体膨胀系数。

可见工作液体和玻璃的体膨胀系数差越大，温度计的灵敏度就越高，测温精度也越高。常用工作液体种类及测量范围见表4-3。

表4-3　玻璃液体温度计液体材料测温范围

工作液体	测量范围/℃	备注
水银	$-30\sim-750$ 或更高	
甲苯	$-90\sim100$	
乙醇	$-100\sim75$	上限用加压方法获得
石油醚	$-130\sim25$	
戊烷	$-200\sim20$	

2. 玻璃管液体温度计的主要特点

它的优点是直观测量准确、结构简单、造价低廉，因此被广泛应用于工业、实验室和医院等各个领域及日常生活中。但其缺点是不能自动记录、不能远传、易碎、测温有一定迟延。

玻璃管温度计所用的玻璃材料对温度计的质量起着重要作用。对300℃以上的玻璃温度计要用特殊的玻璃(硅硼玻璃)，500℃以上则要用石英玻璃。

3. 玻璃管液体温度计的分类

① 标准温度计：用于精密测量和校准其他温度计，其准确度高，分度值一般为0.1~0.2℃。基本误差在0.2~0.8℃范围内。

② 实验室用温度计：用于实验室的测温。

③ 工业用温度计：用于工业测温，其准确度较低，允许误差可在1~10℃之间。

④ 电接点温度计：作温度控制用。

长期使用的温度计要定期校验并校正其零位，对零位漂移要作修正，不合格的不能使用，校验方法可按有关校验规程进行。

4. 测量误差

主要有两种误差。一是由玻璃管的热惯性引起，因为温包内液体膨胀后，不能马上恢复

44

到常态，然后再测量就会产生误差。二是插入误差。校对玻璃管温度计时，是将它的全部液柱浸没到被测介质中，而通常使用情况下人们只将它的感温包插入到介质中，这样就使得温度计的显示值与真值存在一定的绝对误差。除此之外容易产生的误差是人为读数，这个问题只要注意观测视线与刻度标尺垂直并同所读液面在同一面，就可消除。

4.1.2.2 固体膨胀式温度计

它是利用两种线膨胀系数不同的材料制成，有杆式和双金属片式两种，如图 4-1 所示固体膨胀式温度计。除用金属材料外，有时为了增大膨胀系数差，还选用非金属材料，如石英、陶瓷等。

这类温度计常用作自动控制装置中的温度测量元件，它结构简单、可靠，但精度不高。双金属温度计是利用两种不同金属在温度改变时膨胀程度不同的原理工作的。工业用双金属温度计主要的元件是一个用两种或多种金属片叠压在一起组成的多层金属片。为提高测温灵敏度，通常将金属片制成螺旋卷形状。当多层金属片的温度改变时，各层金属膨胀或收缩量不等，使得螺旋卷卷起或松开。由于螺旋卷的一端固定而另一端和一个可以自由转动的指针相连，因此，当双金属片感受到温度变化时，指针即可在一圆形分度标尺上指示出温度来。这种仪表的测温范围是 200~650℃，允许误差均为标尺量程的 1% 左右。这种温度计和棒状的玻璃液体温度计的用途相似，但可使用在机械强度要求更高的条件下。

4.1.2.3 压力式温度计

压力式温度计是利用密闭容积内工作介质随温度升高而压力升高的性质，通过对工作介质的压力测量来判断温度值的一种机械式仪表。

压力式温度计的工作介质可以是气体、液体或蒸气，其结构如图 4-2 所示，主要包括温包、金属毛细管、基座和具有扁圆或椭圆截面的弹簧管。弹簧管一端焊在基座上，内腔与毛细管相通，另一端封死为自由端。自由端通过拉杆、齿轮传动机构与指针相联系。指针偏转在刻度盘上指示出被测温度。

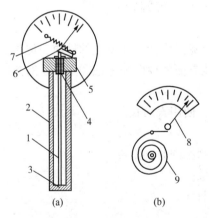

图 4-1　固体膨胀式温度计
1—芯杆；2—外套；3—顶端；4—弹簧；5—基座；
6—杠杆；7—拉簧；8—指针；9—螺旋式双金属片

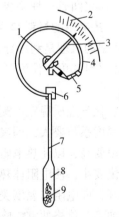

图 4-2　压力式温度计
1—传动机构；2—刻度盘；3—指针；4—弹簧管；
5—连杆；6—接头；7—毛细管；8—温包；9—工作物质

压力式温度计由于受毛细管长度的限制，一般工作距离最大不超过 60m，被测温度一般为 -50~550℃。它简单可靠、抗振性能好，具有良好的防爆性。但这种仪表动态性能差，示值的滞后较大，也不能测量迅速变化的温度。

4.1.3 热电阻

4.1.3.1 热电阻的测温原理

从物理学中我们知道，导体（或半导体）的电阻值是随着温度的变化而变化的。一般说来，它们之间有如下关系，即

$$R=f(t) \tag{4-2}$$

通常用电阻温度系数 α 来描述电阻值随着温度变化而变化这一特性。它的定义是：在某一温度间隔内，温度变化 1℃时的电阻相对变化量，单位为 1/℃。根据定义，α 可用下式表示：

$$\alpha = \frac{R_t - R_{t0}}{R_{t0}(t-t_0)} = \frac{\Delta R}{R_{t0}\Delta t} \tag{4-3}$$

金属导体的电阻一般随温度升高而增大，α 为正值，称为正的电阻温度系数。用于测温的半导体材料的 α 为负值，即具有负的电阻温度系数。各种材料的 α 值并不相同，对纯金属而言，一般为 0.38%~0.68%左右。它的大小与导体本身的纯度有关，α 越大，导体材料的纯度越高。通常用电阻比 R_{100}/R_0 来表示材料的纯度，R_{100} 代表在 100℃时的电阻值，R_0 代表在 0℃时的电阻值。而半导体的电阻值却随着温度的升高而减少，在 20℃左右，温度每变化 1℃，其电阻值要变化-2%~-6%。若能设法测出电阻值的变化，就可相应地确定温度的变化，达到测温的目的。电阻温度计就是利用导体（或半导体）的电阻值随着温度变化这一特性来进行温度测量的。即把温度变化所引起导体电阻变化，通过测量桥路转换成电压信号，然后送入显示仪表以指示或记录被测温度。

测温原理热电阻（如 Pt100）是利用其电阻值随温度的变化而变化这一原理制成的将温度量转换成电阻量的温度传感器。温度变送器通过给热电阻施加一已知激励电流，测量其两端电压的方法得到电阻值（电压/电流），再将电阻值转换成温度值，从而实现温度测量。热电阻和温度变送器之间有三种接线方式：二线制、三线制、四线制。

4.1.3.2 热电阻的材料和要求

热电阻测温的机理是利用导体或半导体的电阻值随温度变化而变化的性质，但不是所有导体或半导体材料都可以作为测量元件，还得从其他方面的性能来考虑和选择。对热电阻材料的要求有：

① 物理、化学性质稳定，测量精度高，抗腐蚀，使用寿命长。

② 电阻温度系数要大，即灵敏度要高。

③ 电阻率要高，以使热电阻的体积较小，减小测温的时间常数。

④ 热容量要小，使电阻体热惰性小，反应较灵敏。

⑤ 线性好，即电阻与温度关系成线性或为平滑曲线。

⑥ 易于加工，价格便宜，降低制造成本。

⑦ 复现性好，便于成批生产和部件互换。

4.1.3.3 常用热电阻

最常用的金属热电阻有铂热电阻、铜热电阻和镍热电阻三种。

1. 铂热电阻(-200~850℃)

铂热电阻的特点是测量精度高、稳定性好、性能可靠，但是在还原性介质中，特别是在高温下很容易被从氧化物中还原出来的蒸气所玷污而变脆，并改变电阻与温度间关系。为了

克服上述缺点，使用时热电阻芯应装在保护套管中。电阻值与温度间的关系如下：

在 $-200 \sim 0{}^\circ\!C$ 范围内，铂电阻与温度的关系可用下式表示

$$R_t = R_0 \left[1 + At + Bt^2 + Ct^3 (t-100) \right] \qquad (4-4)$$

在 $0 \sim 850{}^\circ\!C$ 范围内，铂电阻与温度的关系可用下式表示

$$R_t = R_0 (1 + At + Bt^2) \qquad (4-5)$$

式中　R_t——温度为 $t{}^\circ\!C$ 时热电阻的电阻值；

　　　R_0——温度为 $0{}^\circ\!C$ 时热电阻的电阻值；

　　　$A = 3.9083 \times 10^{-3}/{}^\circ\!C^{-1}$，$B = -5.775 \times 10^{-7}/{}^\circ\!C^{-2}$，$C = -4.183 \times 10^{-12}/{}^\circ\!C^{-4}$。

铂的纯度目前技术水平已可达到 $R_{100}/R_0 = 1.3930$，其相应铂的纯度为 99.9995%。工业用铂电阻其纯度为 $R_{100}/R_0 = 1.387 \sim 1.391$，标准铂电阻其纯度为 $R_{100}/R_0 = 1.3925$。

普通热电阻温度计主要由感温元件、引线、保护管和接线盒组成。外形和热电偶很相似，特别是保护管和接线盒很难区分。

图4-3中，感温元件是热电阻温度计的核心，由热电阻丝和绝缘骨架构成（电阻丝缠绕在绝缘骨架上）。

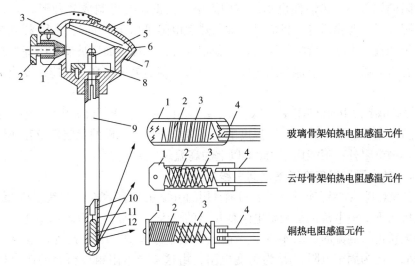

图 4-3　普通型热电阻温度计结构

热电阻温度计结构：1—出线孔密封；2—出线孔螺母；3—链条；4—盖；5—接线柱；6—盖的密封圈；

7—接线盒；8—接线座；9—保护管；10—绝缘管；11—引出线；12—感温元件

感温元件结构：1—外壳或绝缘片；2—铂丝或铜丝；3—骨架；4—引出线

2. 铜热电阻（$-50 \sim 150{}^\circ\!C$）

工业上常用铜热电阻来测量 $-50 \sim 150{}^\circ\!C$ 范围的温度。铜容易提纯，价格比铂便宜很多，电阻温度系数大且关系是线性的，用公式 $R_t = R_0 (1 + \alpha t)$ 表示，其中 $\alpha = (4.25 \sim 4.28) \times 10^{-3}/{}^\circ\!C$。但是铜的电阻率（比电阻）$\rho_{Cu} = 0.017\,\Omega\,mm^2/m$，比铂的电阻率 $\rho_{Pt} = 0.0981\,\Omega\,mm^2/m$ 约小 5/6。所以制成一定电阻值的热电阻时，与铂相比，若电阻丝的长度相同，则铜电阻丝就很细，机械强度降低；若线径相同，长度则增加许多倍，体积增大。此外，铜在 $100{}^\circ\!C$ 以上容易氧化，抗腐蚀性能又差，所以工作温度不超过 $150{}^\circ\!C$。

3. 镍热电阻（$-60 \sim 180{}^\circ\!C$）

镍热电阻的温度系数大，灵敏度比铂和铜的高，常用来测量 $-60 \sim 180{}^\circ\!C$ 范围的温度。镍

热电阻的电阻比 $R_{100}/R_0=1.618$。镍电阻与温度的关系可用下式表示：

$$R_t=100+At+Bt^2+Ct^4 \tag{4-6}$$

式中，$A=0.5485/℃$，$B=0.665×10^{-3}/℃$，$C=2.805×10^{-9}/℃$。

由于镍热电阻的制造工艺较复杂，很难获得 α 相同的镍丝，因此它的测量准确度低于铂热电阻。我国目前规定的标准化热电阻的分度号有 Ni100、Ni300、Ni500。

4. 半导体热敏电阻

半导体热敏电阻温度计是利用锰、镍、铜和铁等金属氧化物配制成的热敏电阻作为测温元件，其形状有珠形、圆形、垫圈形和薄片形，常用的有珠形及微型珠形半导体热敏电阻。与一般热电阻不同之处在于它是负电阻温度系数，温度升高，电阻降低，变化幅度也大，电阻温度系数 α 达 $-2\%\sim-7\%$，较金属热电阻大 10～100 倍，因此，可采用精度较低的显示仪表。由于它具有良好的抗腐蚀性、灵敏度高、热惯性小、结构简单、寿命长、便于远距离测量等优点，可用于腐蚀性介质温度、表面温度及体温等的温度测量，缺点是测量范围小（$-40\sim350℃$），互换性差，温度-电阻特性是非线性的。图 4-4 所示为半导体热敏电阻的阻值-温度特性，它是一条指数曲线。

热敏电阻的体积小，热惯性也小，结构简单，根据需要可制成各种形状，如珠形、片形、杆形、圆片形、薄膜形等，目前最小珠状热敏电阻可达 $\phi0.2mm$，常用来测点温。

热敏电阻的资源丰富、价格低廉，化学稳定性好，元件表面用玻璃等陶瓷材料封装，可用于环境较恶劣的场合。有效地利用这些特点，可研制出灵敏度高、响应速度快、使用方便的温度计。

半导体热敏电阻常用的材料由铁、镍、锰、钴、钼、钛、镁等复合氧化物高温烧结而成。

热敏电阻的主要缺点是其阻值与温度的关系呈非线性。元件的稳定性及互换性较差。而且，除高温热敏电阻外，不能用于 350℃以上的高温。

4.1.3.4 热电阻和温度变送器之间引线方式

热电阻引线对测量结果有较大影响，目前常用的引线方式有两线制、三线制和四线制 3 种。

平衡电桥与不平衡电桥都是测量电阻变化量的仪表。通常，热电阻都是通过接入平衡电桥或不平衡电桥进行测温的。图 4-5 为平衡电桥基本原理图，图中 R_t 为热电阻，阻值随温度而变化，R_2、R_3 为固定电阻，R_1 为可变电阻，由这 4 个电阻组成桥路的四个桥臂。G 为检流计，E 为电源。当 R_t 值改变时，桥路平衡被破坏。检流计 G 偏转，这时改变 R_1 值，使电桥重新达到平衡，检流计 G 指零，这时有

$$R_t=R_1R_3/R_2$$

由于 R_2、R_3 已知，所以 R_t 与 R_1 成正比，只要沿 R_1 敷设标尺，便可根据滑触点的位置读出被测电阻值，可知被测温度。

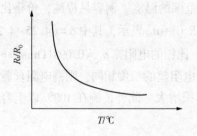
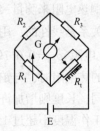

图 4-4 半导体阻值温度特性曲线　　　图 4-5 平衡电桥原理图

1. 两线制

在热电阻感温元件的两端各连接一根导线的引线形式为两线制，如图 4-6 所示。

热电阻两端各引一根导线的形式；两引线电阻 R_A、R_B；桥路：R_A、R_B、R_t 一起构成电桥测量臂；引线随环境和被测对象温度的变化量 ΔR_A、ΔR_B，与被测对象引起的热电阻 R_t 的阻值变化量 ΔR_t 一起被转化为测量信号，造成误差。

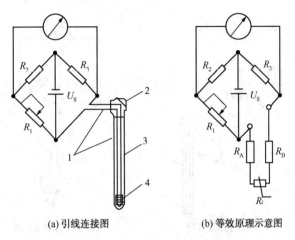

(a) 引线连接图　　　　　(b) 等效原理示意图

图 4-6　两线制热电阻测温电路

1—连线；2—接线盒；3—保护套管；4—热电阻感温元件

根据平衡电桥工作原理，调 R_t，电桥平衡时：

$$R_2 \cdot (R_A + R_B + R_t) = R_1 \cdot R_3$$

温度变化：$R'_t = R_t + \Delta R_t$，$R'_A = R_A + \Delta R_A$，$R'_B = R_B + \Delta R_B$。则：

$$\frac{U_S}{R_1 + R_2} \cdot R_1 - \frac{U_S(R'_t + R'_A + R'_B)}{R_2 + (R'_t + R'_A + R'_B)} = U_0$$

$$\frac{R_1}{R_1 + R_2} - \frac{(R'_t + R'_A + R'_B)}{R_2 + (R'_t + R'_A + R'_B)} = \frac{U_0}{U_S}$$

因此可求：

$$R'_t + R'_A + R'_B$$

但是 $R_t \to t$ 对应关系，$R'_t + R'_A + R'_B \to t$，也就是说，引线电阻及引线电阻的变化会造成误差。

结论：

二线制结构简单、安装方便，但导线电阻附加误差。适用于准确度不高、引线不长的场合。

2. 三线制

在热电阻的一段连接两个导线，另一端连接一根导线构成三线制，如图 4-7 所示。

工作原理：

调 R_1，电桥平衡：

$$(R_A + R_1) \cdot R_3 = R_2 \cdot (R_t + R_B)$$

设计成：$R_2 = R_3$，则：

$$R_1 + R_A = R_t + R_B$$

49

设 $R_A = R_B$，则：

$$R_1 = R_t$$

当温度升高，电桥不平衡，则：

$(R_A + R_1 + \Delta R_A) \cdot R_3 \neq R_2 \cdot (R_1 + \Delta R_t + R_B + \Delta R_B)$，即：$R_1 \neq R_t + \Delta R_t$

所以电桥的不平衡是由于 R_t 的变化，导线电阻变化被抵消。

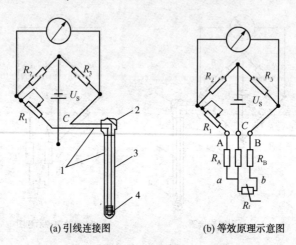

(a) 引线连接图   (b) 等效原理示意图

图 4-7　三线制引线的热电阻温度计

1—连线；2—接线盒；3—保护套管；4—热电阻感温元件

结论：

工业热电阻通常利用三线制，尤其在导线长，导线温度发生变化等场合，温度范围窄的情况下（导线变化大于 R_t 变化），更应采用。

3. 四线制

所谓四线制，即在热电阻两端各连接两个引线的方式，其中两根导线为热电阻提供恒流源，热电阻上产生的压降通过另两根引线的电位差计进行测量（图 4-8）。

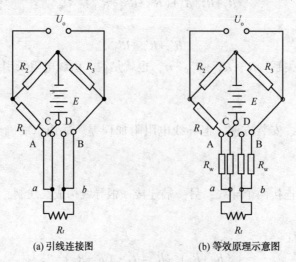

(a) 引线连接图   (b) 等效原理示意图

图 4-8　四线制引线的热电阻温度计

这种引线方式可完全消除引线的电阻影响，但成本较高，主要用于高精度的温度检测。

4.1.3.5 热电阻误差分析

用电阻温度计测量温度，主要在三个方面容易产生误差：一是电阻自热效应导致误差。所谓电阻自热效应，就是当一定电流通过电阻时，产生焦耳热效应，从而导致电阻温度升高带来误差。为此，电阻温度计必须在一定电流范围内工作，一般为 2~10mA。二是引线误差，导线电阻和接触电阻都会产生附加热电势。因此，在测量电路中，为了保证测量精度，要求选用纯度高、电阻小、抗氧化的引线。三是安装深度误差。电阻温度计插入深度不够时，传导热损失会使测量温度偏低。一般感温电阻的插入深度为保护管直径的 15~20 倍。

4.1.4 热电偶

热电偶温度计由热电偶、电测仪表和连接导线组成。它被广泛用于测量-200~1300℃范围内的温度。在特殊情况下，可测至 2800℃ 的高温或 4K 的低温。热电偶能把温度信号转变为电信号，便于信号的远传和多点切换测量，具有结构简单、制作方便、准确度高、热惯性小等优点。

4.1.4.1 热电偶测温原理

由两种不同的导体或半导体 A 或 B 组成的闭合回路，如果使两个接点处于不同的温度 t_0、t，则回路中就有电动势出现，称为热电势，这一现象称为热电效应。热电势是温度 t_0 和 t 的函数，恒定接点温度 t_0，则热电势是温度 t 的单值函数，只要测得热电势的大小，便可得到被测温度 t。

热电势由温差电势与接触电势组成。

温差电势：是指一根导体上因两端温度不同而产生的热电动势。同一导体两端温度不同时，高温端(测量端、工作端、热端)电子的运动速度大于低温端电子(参比端、自由端、冷端)的运动速度，单位时间内高温端失电子带正电，低温端得电子带负电，高、低温端之间形成一个从高温端指向低温端的静电场。该电场阻止高温端电子向低温端运动；加大低温端电子向高温端的运动速度，当运动达到动态平衡时，导体两端产生相应的电位差，该电位差称为温差电势。温差电势的方向：由低温端指向高温端。

接触电势：是在两种不同材料 A 和 B 的接触点产生的。A、B 材料有不同的电子密度，设导体 A 的电子密度 n_A 大于导体 B 的电子密度 n_B，则从 A 扩散到 B 的电子数要比从 B 扩散到 A 的多，A 因失电子而带正电荷，B 因得电子而带负电荷，于是在 A、B 的接触面上便形成一从 A 到 B 的静电场。这个静电场将阻碍电子的扩散运动，诱发电子的漂移运动，当扩散与漂移达到动态平衡时，在 A、B 接触面上便形成了电位差，即接触电势。见图 4-9。

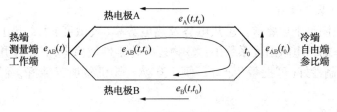

图 4-9 热电偶回路的总电势

热电偶回路的总电势为：

$$e_{AB}(t, t_0) = e_{AB}(t) - e_A(t, t_0) - e_{AB}(t_0) + e_B(t, t_0) = f_{AB}(t) - f_{AB}(t_0) = f_{AB}(t) + C$$

即热电势是高温端温度及低温端温度的函数，若恒定低温端温度，则热电势是高温端温度的单值函数。通过测量热电势的大小可以得到被测(高温端)温度的数值。

4.1.4.2 热电偶回路的基本定律

1. 均质导体定律

由一种均质导体或半导体组成的闭合回路，不论导体的长度、截面积如何以及沿长度方向的温度分布如何，回路中都不可能产生热电势。

证明：已知：$e_{AB}(t, t_0) = e_{AB}(t) - e_A(t, t_0) - e_{AB}(t_0) + e_B(t, t_0)$

因是均质导体，电子密度相同，所以 $e_{AB}(t_0) = e_{AB}(t) = 0$

又因为 $-e_A(t, t_0) = e_B(t, t_0)$，所以回路总电势等于 0。

结论：①热电偶必须由两种不同性质的材料构成；②由一种材料组成的闭合回路存在温差时，若回路中有热电势产生，则说明该材料是不均质的。该定律用于电极材料的均匀性检测。

2. 中间导体定律

在热电偶回路中接入第三种、第四种……均质导体，只要保证各导体的两接入点的温度相同，则这些导体的接入不会影响回路中的热电势。

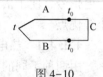

图 4-10
中间导体定律

证明：以在热电偶回路中接入第三种均质导体 C 为例，保证两接入点的温度都为 t_0，如图 4-10 所示，回路电势为：

$$e_{ABC}(t, t_0) = e_{AB}(t) + e_B(t, t_0) + e_{BC}(t_0) + e_C(t, t_0) + e_{CA}(t_0) - e_A(t, t_0)$$

其中：$e_C(t, t_0) + e_{BC}(t_0) + e_{CA}(t_0) = 0 + \dfrac{kt_0}{e}\ln\dfrac{n_{Bt_0}}{n_{Ct_0}} + \dfrac{kt_0}{e}\ln\dfrac{n_{Ct_0}}{n_{At_0}} = e_{BA}(t_0) = -e_{AB}(t_0)$

故：$e_{ABC}(t, t_0) = e_{AB}(t) + e_B(t, t_0) - e_A(t, t_0) - e_{AB}(t_0) = e_{AB}(t, t_0)$

即 C 导体的加入不影响回路中的热电势。

结论：①可以在热电偶回路中接入连接导线和测量仪表；②可以方便热电偶电极的选配；③可以进行表面温度和液体介质温度的开路测量。

3. 中间温度定律

接点温度为 t_1 和 t_3 的热电偶，它的热电势等于接点温度分别为 t_1、t_2 和 t_2、t_3 的两支同性质热电偶的热电势的代数和，即热电偶的热电势只与高温端和低温端的接点温度有关，而与中间温度无关。

结论：①可以对热电偶的冷端温度进行计算修正；②允许在热电偶回路中接入补偿导线。

4.1.4.3 标准化热电偶

1. 热电极材料及其性质

热电极材料应满足下述要求：①热电势及热电势率(灵敏度)大，热电势与温度间呈线性关系；②电导率高，电阻温度系数小；③物理、化学性能稳定(长期使用时，可保证热电特性稳定)；④复制性好(可批量生产)，便于互换；⑤机械加工性好，便于安装；⑥价格便宜。

2. 标准化热电偶

标准化热电偶是制造工艺较成熟、应用广泛、能批量生产、性能优良而稳定并已列入专业或国家工业标准化文件中的热电偶。标准化文件对同一型号的标准化热电偶规定了统一的热电极材料及其化学成分、热电性质和允许偏差，也就是说，标准化热电偶具有统一的分度表。分度表是以表格的形式反映电势温度之间的关系。需注意的是：该电势温度关系是在冷端温度为0时得出的，使用应特别注意。同一型号的标准化热电偶具有互换性，使用十分方便。

目前，国际上已有8种标准化热电偶，这些热电偶的型号(有时也称分度号)、电极材料、可测的温度范围以及使用特点见表4-4。

注：电极材料的前者为正极，后者为负极，紧跟的数字为该材料的质量分数。温度测量范围是热电偶在良好的使用环境下测温的极限值，实际使用时，特别是长时间使用，一般允许的测温上限是极限值的60%~80%。

表4-4　标准化热电偶温度范围及使用特点

分度号	材料	温度范围/℃	使用特点
S	铂铑10-铂	-50~1768	金属易提纯，复制准确度和测温准确度较高，物化性能稳定，1300℃以下的氧化或中性介质长期使用。价格昂贵，热电势小，热电特性非线性较大，不能在还原气氛及含有金属或非金属蒸气的气氛中使用。300℃以上最准确的热电偶
R	铂铑13-铂	-50~1768	基本性能和使用条件与S分度号热电偶相同，只是热电势略大，欧美国家使用较多
B	铂铑30-铂铑6	0~1820	可在1600℃以下的氧化、中性环境中长期使用，不能在还原气氛及含有金属或非金属蒸气的气氛中使用。热电势及热电势率较S分度号热电偶小，冷端温度低于50℃时，不必进行冷端温度补偿
K	镍铬-镍硅	-270~1372	贱金属热电偶，直径3.2mm的热电偶可在1200℃的高温下长期使用。在500℃以下的还原性、中性和氧化性气氛中可靠工作。500℃以上，只能在还原性、中性的气氛中工作。热电势率比S分度号热电偶大4~5倍，且温度电势关系接近线性
N	镍铬硅-镍硅	-270~1300	是一种较新型热电偶，各项性能均比K型的好，适宜于工业测量
E	镍铬-铜镍合金(康铜)	-270~1000	金属热电偶，直径3.2mm的热电偶可在750℃的高温下长期使用，也适合于低温(0℃以下)、潮湿环境测温。是热电势率最高的标准化热电偶
J	铁-铜镍合金(康铜)	-210~1200	适合于氧化、还原性气氛，亦可在真空、中性气氛中使用，不能在538℃以上的含硫气氛中使用。稳定性好、灵敏度高、价格低廉。正极铁易锈蚀
T	铜-铜镍合金(康铜)	-270~400	适合于氧化、还原、真空、中性气氛中使用，具有潮湿气氛抗腐蚀性，特别适合于0℃以下的测温。主要特点：稳定性好、低温灵敏度高、价格低廉，100~200℃测温准确度最高

3. 普通工业用热电偶

普通工业用热电偶通常由热电极、绝缘管、保护套管和接线盒构成，如图4-11所示。

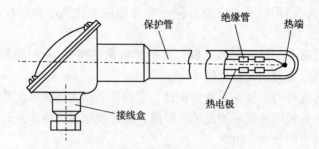

图 4-11 普通型热电偶的典型结构

1. 热电极

热电极的直径大小由材料的价格、机械强度、电导率、热电偶的用途及测温范围决定。贵金属电极的直径为 0.3~0.65mm，普通金属电极的直径为 0.3~3.2mm。热电极的长度有多种规格，主要由安装条件和插入深度来决定，一般为 300~2000mm。热电偶热端采用焊接方式连接，接头形状有点焊、对焊和绞接点焊。焊点的直径应不超过热电极直径的两倍。

2. 绝缘管

为了防止热电极间的电势短路，在热电极上套装绝缘管。绝缘管有单孔、双孔、四孔等多种形式。绝缘管材料的选择根据材料允许的工作温度进行，低温下可用橡胶、塑料、聚乙烯等材料；高温下可用普通陶瓷(1000℃以下)、高纯氧化铝(1300℃以下)、刚玉(1600℃以下)等。常用绝缘子材料及其使用温度范围见表 4-5。

表 4-5　常用绝缘子材料及其使用温度范围

材料名称	使用温度范围/℃	材料名称	使用温度范围/℃
橡皮、塑料	60~80	石英管	0~1300
丝、干漆	0~130	瓷管	1400
氟塑料	0~250	再结晶氧化铝管	1500
玻璃丝、玻璃管	500 以下	纯氧化铝管	1600~1700

3. 保护套管

为了防止热电极遭受机械损伤和化学腐蚀，通常将热电极和绝缘管装入不透气的保护套管内。套管的材料和形式由被测介质的特性、安装方式和时间常数等决定。常见的材料有黄铜、20#钢、不锈钢、高温耐热钢、纯氧化铝、刚玉、金属陶瓷等，测量更高温度时还可使用氧化铍和氧化钍，可达 2200℃。安装时可采用螺纹连接和法兰连接两种形式。常用保护管材料及其温度适用范围见表 4-6。

表 4-6　常用保护管材料及其适用的温度范围

材料名称	长期使用/℃	短期使用/℃	材料名称	长期使用/℃	短期使用/℃
铜或铜合金	400		高级耐火瓷管	1400	1600
20#碳钢管	600		再结晶氧化铝管	1500	1700
1Cr18Ni9Ti 不锈钢	900~1000	1250	高纯氧化铝管	1600	1800
28Cr 铁(高铬铸铁)	1100		硼化锆	1800	2100
石英管	1300	1600			

54

普通工业用热电偶测温时间常数随保护套管的材料及直径而变化(一般为10~240s)。当采用金属保护套管,外径为12mm时,时间常数为45s;外径为16mm时,时间常数为90s。而耐高压的金属热电偶的时间常数为2.5min。

4. 接线盒

接线盒内由接线柱作为热电极和补偿导线或导线的连接装置。根据用途的不同,有普通式、防溅式、防水式、隔爆式和插座式等结构形式。

4.1.4.4 热电偶冷端温度补偿

由热电偶的测温原理可知,热电势是热端温度与冷端温度的函数。在冷端温度恒定的条件下,热电势是热端温度的函数。而在实际应用时,热电偶的冷端放置在距热端很近的大气中,受高温设备和环境温度波动的影响较大,因此冷端温度不恒定。要想消除冷端温度波动对测温的影响,必须进行冷端温度补偿。常用的冷端温度补偿方法有:计算修正法、冷端恒温法、显示仪表机械零点调整法、补偿电桥(冷端温度补偿器)法、补偿导线法、辅助热电偶法、PN结补偿法等。

1. 计算修正法

热电偶的分度关系是在冷端温度为0℃的情况下得到的,若热电偶的冷端温度为t_0,不是0℃,则不能用测量热电偶的热电势去查分度表,必须进行热电势修正,而后,查分度表得出被测的热端温度,修正电势为$e_{AB}(t_0, 0)$。

即:$e_{AB}(t, 0) = e_{AB}(t, t_0) + e_{AB}(t_0, 0)$

总电势=测量热电偶输出电势+修正电势

适用场合:实验室测温,现场使用的直读仪表测温。前提条件是冷端温度可测且基本恒定。缺点:不便于连续测温。

2. 冷端恒温法

将热电偶的冷端温度恒定,从而便于补偿和修正。一般选择冰点槽(0℃)或工业恒温箱(50℃)进行恒温。

(1)冰点槽法

将热电偶的冷端放于冰水混合物中(图4-12),热电偶输出电势即以0℃为冷端温度的总电势,可直接查分度表或送显示仪表显示热端温度。

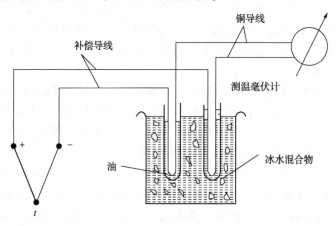

图4-12 冰点槽

（2）恒温箱法

恒温箱法是将热电偶的冷端置于自动恒温箱中。自动恒温箱常以蒸汽或电能作为热源。这里以工业恒温箱为例作简单说明。工业恒温箱原理如图4-13所示。

需要注意：该法热电偶送出的电势$e(t, 50)$，不能用于最终温度显示，通常应调整仪表的机械零位进行修正。

3. 显示仪表机械零点调整法

当送入显示仪表的电势为$e(t, t_0)$，而t_0已知且恒定时，在断开热电偶的情况下将仪表的机械零点调整至t_0温度对应的刻度。这样相当于在显示仪表内部提前施加了电势$e(t_0, 0)$，接入热电偶后，则用于温度显示的总电势为$e(t, 0)$，由于所有显示仪表的刻度均按照分度表进行刻度，所以仪表正确显示被测的热端温度数值。

4. 补偿电桥（冷端温度补偿器）法

如果能得到一个随温度而变化的附加电势，并将该电势串联在热电偶回路中，使其抵偿热电偶热电势因冷端温度变化而产生的变化，则可保证显示仪表中的电势不受冷端温度变化的影响，达到自动补偿的目的。常用的冷端温度补偿器基于图4-14所示的不平衡电桥原理工作。热电偶（及补偿导线）输出的热电势与不平衡电桥的不平衡电压相加后送至温度显示仪表。

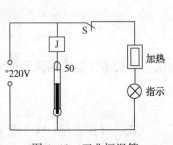

图4-13 工业恒温箱

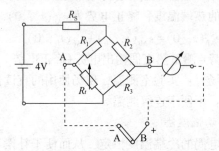

图4-14 补偿电桥法示意图

4.1.4.5 热电偶的检定

热电偶在使用前应预先进行校验或检定，标准热电偶必须进行个别分度。热电偶经一段时间使用后，由于热电偶的高温挥发、氧化、外来腐蚀和污染、晶粒组织变化等原因，使热电偶的热电特性逐渐发生变化，使用中会产生测量误差，有时此测量误差会超出允许范围。为了保证热电偶的测量精度，必须定期进行检定。热电偶的检定方法有两种，比较法和定点法。工业上多采用比较法。

用被校热电偶和标准热电偶同时测量同一对象的温度，然后比较两者示值，以确定被检热电偶的基本误差等质量指标，这种方法称为比较法。用比较法检定热电偶的基本要求，是要造成一个均匀的温度场，使标准热电偶和被检热电偶的测量端感受到相同的温度。均匀的温度场沿热电极必须有足够的长度，以使沿热电极的导热误差可以忽略。工业和实验室用热电偶都把管状炉作为检定的基本装置。为了保证管状炉内有足够长的等温区域，要求管状炉内腔长度与直径之比至少为20:1。为使被检热电偶和标准热电偶的热端处于同一温度环境中，可在管状炉的恒温区放置一个镍块，在镍块上钻有孔，以便把各支热电偶的热端插入其中，进行比较测量。用比较法在管状炉中检定热电偶的系统，如图4-15所示，主要装置有管状电炉、冰点槽、转换开关、手动直流电位差计和标准热电偶。

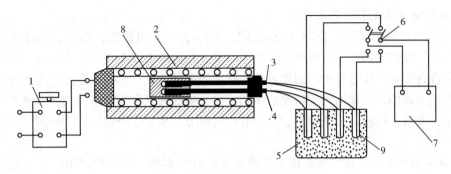

图 4-15 热电偶校验系统图

1—调压变压器；2—管式电炉；3—标准热电偶；4—被检热电偶；
5—冰点槽；6—切换开关；7—直流电位差计；8—镍块；9—试管

检定时取等时间间隔，按照标准、被检 1、被检 2……被检 n，被检 n……被检 2、被检 1、标准的循环顺序读数，一个循环后标准与被检各有两个读数，一般进行两个循环的测量，得到 4 次读教。最后进行数据处理和误差分析，求得它们的算术平均值，比较标准与被检的测量结果。如果各个检定点被检热电偶的允许误差都在规定范围之内，则认为它们是合格的。

4.1.4.6 热电偶测温误差

1. 误差原因分析

① 热电偶安装因素造成的误差。热电偶在安装过程中位置的选择不合理，以及实际测温时插入被测环境的深度不当，都会导致热电偶测温误差的产生。同时针对不同测温对象，热电偶插入的深度也要进行相应的调整，要根据实际测温工作的需要，结合科学的实验数据，对不同对象测温时插入的深度进行准确的确定。

② 参考端温度变化导致的测温误差。利用热电偶进行测温的过程中参考端的温度十分重要，参考端的温度对热电偶的热电动势有着直接的影响，因此保持参考端的温度恒定，是保证热电偶测温精度的前提条件。一般情况下，参考端的温度以保持 0℃ 为最佳，但在实际的测温工作中，并不容易取得 0℃ 的理想值，因此采取一些其他的方法进行温度补偿也是提高热电偶测温精度的常用措施。

③ 热辐射以及导热误差。热辐射误差主要是由热电偶测量端与环境的辐射热交换所引起的，而导热误差则是由于沿热电偶长度存在温度梯度，而测量端必然会沿热电极导热，使得指示温度偏离实际温度。

④ 热电偶动态响应误差。由于热电偶的测温方式属于接触式，因此在测温过程中热电偶测温元件需要通过一定时间的保温，使其同被测的对象达到热平衡，所需要保持的时间取决于热电偶的热响应时间，热响应时间则根据具体的测量环境条件以及热电偶的结构而有所差别。对于静止的测量对象以及测量环境，热电偶在保持一定时间后可以准确测量出温度数据，然而当测量对象及环境的温度不断变化时，往往对热电偶的热反应时间有着很高的要求。当传感器的热响应速度无法跟上被测环境温度的变化速度时，就会因为无法达到热平衡而产生误差。

⑤ 测量系统漏电引起的热电偶测温误差。热电偶测温系统在使用过程中，会因为绝缘层损坏等原因造成系统漏电，导致热电势受到影响，使仪表的指示温度与实际的温度之间出现误差，较严重的将导致测量系统的失灵。

2. 热电偶测温误差的修正

① 结合实际测量需要，合理选择测温点，准确控制热电偶插入深度。选择具有代表性的测温点是保障热电偶测温的准确性的基本条件，在实际测量工作中，要结合对被测设备的研究以及设备正常工作过程中的温度特性，找到最典型的点位作为测温点，才能达到有效的测温与控温的目的。要根据测量对象的不同，以及测温装置保护管材质的区别来进行插入深度的设定，通过一些相应的科学实验进行有效的参考与指导，进而确定不同测量工作条件下的插入深度。

② 参考端温度变化导致测温误差的修正方法有很多种，其中较常用的方法包括：恒温器法、补偿电桥法以及补偿导线法等。恒温器法主要是通过冰点恒温器的使用，使热电偶的参考端温度保持恒定，将参考端温度控制在0℃以确保测量的准确性。补偿电桥法，是通过在测温系统加入一个具有电压补偿作用的桥路装置，让该装置的电压随温度升高而升高，针对性地补偿参考端温度变化造成的热电势的降低值，使系统中的电压数值维持相对平衡，进而保持系统温度测量的准确度。补偿导线法的原理是利用补偿导线将热电偶参考端延长至温度相对恒定的地方，进行有效的修正，但补偿导线法的修正作用不足以完全消除参考端温度变化导致的测温误差，所以在使用补偿导线法进行误差修正时还要结合其他的方法，共同作用来进行有效的修正，进而减小原参考端温度变化对测量精度的影响。

③ 针对热辐射导致的测量误差可以通过两种方法进行修正：一是加剧对流换热；二是削弱辐射换热。对于导热误差的修正也可以通过采取大多数可以加强对流或是削弱导热的措施来实现。

④ 对热电偶动态响应误差的修正，主要通过提高温度传感器的热响应速度，缩短传感器热响应滞后时间来实现。通过科学的实验研究发现热电偶的热响应时间与热电偶接点的体积以及与被测介质的接触面积有关，因此在实际温度测量中，减小热电偶接点的体积，从而减小接点部分的热容量，或通过改变接点的形状等方式增大接点与被测介质的接触面积，都可以有效地减少热响应的滞后时间。此外，通过改变热电偶的材质，提高热电偶的热响应速度也是修正动态响应误差的有效方法。

⑤ 针对温度测量系统漏电引起的测量误差，要加强对测量系统的日常检修与养护，确保测量系统绝缘性能的正常发挥，同时采取接地以及其他的屏蔽方法来进行误差修正，还可以通过增大热电偶直径，增加绝缘层的厚度，降低电阻值以及调整加热带的长度等措施来进行铠装热电偶分流误差的修正。

由上述可知，热电偶温度计和热电阻温度计的测量原理是不同的。热电偶温度计是把温度的变化通过测温元件热电偶转换为热电势的变化来测量温度的，而热电阻温度计则是把温度的变化通过测温元件热电阻转换为电阻值的变化来测量温度的。

热电阻温度计适用于测量−200~+850℃低温范围内液体、气体、蒸气及固体表面温度，它和热电偶温度计一样，也具有远传、自动记录和多点测量等优点。此外，它的输出信号大，测量准确，所以在1990年国际温标(ITS—90)中规定：13.8033K~961.78℃温区内以铂电阻温度计作为基准器。

4.1.5 辐射式温度仪表

辐射温度计属非接触式测温仪表，是基于物体的热辐射特性与温度之间的对应关系设计而成。其特点为：测温范围广，原理结构复杂；测量时，感温元件不与被测对象直接接触，不破坏被测对象的温度场；通常用来测定1000℃以上的移动、旋转或反应迅速的高温物体的温度或表面温度；但不能直接测被测对象的真实温度，且所测温度受物体发射率、中间介质和测量距离等因素影响。

辐射测温法包括亮度法(光学高温计)、辐射法(辐射高温计)和比色法(比色温度计)。各类辐射测温方法只能测出对应的光度温度、辐射温度或比色温度。只有对黑体(吸收全部辐射并不反射光的物体)所测温度才是真实温度。如欲测定物体的真实温度，则必须进行材料表面发射率的修正。由于篇幅所限，这里重点介绍亮度温度计。

4.1.5.1 亮度温度计测量原理

亮度温度计，又称单波段温度计，是利用各种物体在不同温度下辐射的单色辐射亮度与温度的函数关系制成，如式(4-1)、式(4-2)。它具有较高的准确度，可作为基准或测温标准仪表用。亮度温度计的理论基础是普朗克黑体辐射定律。

普朗克推导出了黑体在不同温度下单色辐射力 $M_{b\lambda}$ 随波长 λ 和温度 T 的变化规律，即普朗克定律。

普朗克定律可表述为：

$$M_{b\lambda}(\lambda, T) = \frac{c_1}{\lambda^5 (e^{c_2/\lambda T-1})} \tag{4-7}$$

式中　$M_{b\lambda}(\lambda, T)$——黑体单色辐射力，W/m^3；

λ——辐射波长，m；

T——黑体热力学温度，K；

c_1——普朗克第一辐射常数，$c_1 = 3.17418 \times 10^6$，$W \cdot m^2$；

c_2——普朗克第二辐射常量，$c_2 = 1.4388 \times 10^{-2}$，$m \cdot K$。

普朗克定律描述了黑体的单色辐射力与波长 λ 和热力学温度 T 的关系，是黑体辐射的理论基础。普朗克定律用单色辐射强度表示：

$$L_{b\lambda}(\lambda, T) = \frac{1}{\pi} \frac{c_1}{\lambda^5 (e^{c_2/\lambda T-1})} \tag{4-8}$$

式中，$L_{b\lambda}(\lambda, T)$ 是黑体的单色辐射强度，$W/(m^3 \cdot sr)$。

在低温短波情况下，即 $c_2/\lambda T \gg 1$ 时，普朗克定律可以用维恩近似公式代替：

$$M_{b\lambda}(\lambda, T) = c_1 \lambda^{-5} e^{-c_2/\lambda T} \tag{4-9}$$

在工程实际应用中，一般都工作在温度 $T < 3000K$ 和波长 $< 0.8\mu m$ 范围内，均能很好地满足 $c_2/\lambda T \gg 1$，可以用维恩近似公式来代替普朗克公式。

上述定律将辐射和温度联系起来。对于黑体，测得 $M_{b\lambda}(\lambda, T)$、$L_{b\lambda}(\lambda, T)$，可求得温度；对于实际物体，测得 $M_\lambda(\lambda, T)$、$L_\lambda(\lambda, T)$，可求得温度；但是对于 ε_λ，被测对象不同，ε_λ 不同，ε_λ 是未知的，不同的 λ，ε_λ 不同。因此，根据普朗克定律，能测得黑体温度，无法测得实际物体真实温度。

亮度温度计的刻度按黑体 $\varepsilon_\lambda = 1$ 进行标定，用这种刻度的亮度温度计去测量实际物体 $\varepsilon_\lambda \neq 1$ 的温度，所得到的物体温度示值当作被测物体的"亮度温度"，而不是真实温度。具体而言：

当实际物体(非黑体)在某一指定波长 λ_c 下，在温度 T 时的单色辐射力 $M_\lambda(\lambda_c, T)$ 或单色辐射强度 $L_\lambda(\lambda_c, T)$ 与黑体在同一波长下，在温度 T_s 时的 $M_{b\lambda}(\lambda_c, T_s)$、$L_{b\lambda}(\lambda_c, T_s)$ 相

等，则该黑体的温度 T_s 称为实际物体的亮度温度，即：

$$M_\lambda(\lambda_c, T) = \varepsilon_\lambda(\lambda_c, T) \cdot M_{b\lambda}(\lambda_c, T) = M_{b\lambda}(\lambda_c, T_s) \tag{4-10}$$

$$L_\lambda(\lambda_c, T) = \varepsilon_\lambda(\lambda_c, T) \cdot L_{b\lambda}(\lambda_c, T) = L_{b\lambda}(\lambda_c, T_s) \tag{4-11}$$

根据普朗克定律可以导出 T 和 T_s 的关系。

$$\varepsilon_\lambda(\lambda_c, T) \cdot \frac{1}{\pi \lambda_c^5 (e^{c_2/\lambda_c T} - 1)} \cdot c_1 = \frac{1}{\pi \lambda_c^5 (e^{c_2/\lambda_c T_s} - 1)} \cdot c_1$$

$$\varepsilon_\lambda(\lambda_c, T) \cdot \frac{1}{e^{c_2/\lambda_c T} - 1} = \frac{1}{e^{c_2/\lambda_c T_s} - 1}$$

$$e^{c_2/\lambda_c T_s} - 1 = (e^{c_2/\lambda_c T} - 1) \frac{1}{\varepsilon_\lambda(\lambda_c, T)}$$

$$e^{c_2/\lambda_c T_s} = e^{c_2/\lambda_c T} \frac{1}{\varepsilon_\lambda(\lambda_c, T)}$$

两边取 l_n 对数：

$$\frac{c_2}{\lambda_c T_s} = \frac{c_2}{\lambda_c T} + l_n \frac{1}{\varepsilon_\lambda(\lambda_c, T)}$$

$$\frac{1}{T_s} - \frac{1}{T} = \frac{\lambda_c}{c_2} \cdot l_n \frac{1}{\varepsilon_\lambda(\lambda_c, T)} \tag{4-12}$$

式(4-12)是辐射测温中的基本关系式，可得如下结论：

由于 $\varepsilon_\lambda < 1$，则：$l_n \frac{1}{\varepsilon_\lambda} > 0$，所以：$\frac{1}{T_s} - \frac{1}{T} > 0 \Rightarrow \frac{1}{T_s} > \frac{1}{T} \Rightarrow T > T_s$。亮度温度小于真实温度。

ε_λ 越小，亮度温度偏离真实温度越大，反之 ε_λ 越接近于 1，则亮度温度愈接近于真实温度。

若 ε_λ 保持恒定，则物体亮度温度 T_s 对实际温度 T 的偏离随波长 λ 增大而增大。若真实温度保持恒定，则亮度温度随波长的增大而减小。

可见亮度温度的数值与所取的波长有关，未注明对应波长的亮度温度值没有确切的意义。总之，亮度温度将普朗克定律与实际测温联系起来，波长一定，单色辐射力只对应于一个亮度温度值。

亮度温度计按照 $\varepsilon_\lambda = 1$ 的黑体进行分度，再根据被测对象的光谱发射率进行修正，即可测得被测对象的真实温度。

4.1.5.2　亮度温度计结构

亮度温度计是目前高温测量中应用较广的一种测温仪器，主要用于金属的冶炼、铸造、锻造、轧钢，以及玻璃、陶瓷、耐火材料等工业生产过程热处理。光学高温计应用历史较长，但必须用肉眼进行亮度平衡，因此容易带有主观误差，同时无法实现自动记录、控制和调节，受肉眼限制，测量下限为 700℃。近 30 年来迅速发展的光电高温计，以光电元件代替肉眼进行测量，可以弥补以上缺点。而且光电元件的光谱比肉眼宽，进而可以扩展测温范围。与滤光片配合，可以优选测温的波段，易避开水蒸气、二氧化碳等吸收带，更适合于工业恶劣环境下测温。20 世纪 70 年代以后，开始将微处理器应用于光电高温计，使仪器智能化和小型化，进而提高仪器测温的准确度。

光学亮度高温计利用物体在不同温度下的单色辐射力（单色辐射出度）与温度 T 的函数关系制成。亮度温度计理论基础是普朗克黑体辐射定律，将普朗克黑体辐射用于实际测温中。光学高温计则是采用亮度比对法，具体的实现原理为：光学高温计中装有一只亮度可调的灯泡，作为比较光源。测温时，在某一波长下用灯泡灯丝的光谱辐射亮度与被测物体的光谱辐射亮度进行比较，通过改变灯丝电流人工调整灯丝的亮度，使二者亮度相等，该灯泡亮度与其灯泡灯丝的电气参数(电流或电阻)之间有一一对应关系，因此测出其电气参数就测量出物体的亮度，从而测量出物体的温度值，最终实现非接触的温度测量。其结构示意如图4-16所示。

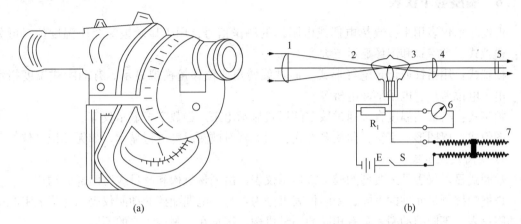

(a)   (b)

图4-16 WGG2-201型光学高温计

1—物镜；2—吸收玻璃；3—灯泡；4—红色滤波片；5—目镜；
6—指示仪器；7—滑线电阻；E—电源；S—开关；R_1—刻线调整电阻

光学高温计由光学系统与电气系统两部分组成。光学系统包括物镜、目镜、红色滤光片、灯泡、吸收玻璃等。物镜和目镜均可移动、调整，移动物镜可把被测物体的成像落在灯丝所在平面上。移动目镜是为了使人眼同时清晰地看到被测物体与灯丝的成像，以比较两者的亮度。红色滤光片的作用是与人眼构成"单色器"，以保证在一定波长($0.66\mu m$左右)下比较两者的光谱辐射亮度。测量线路用来测量与灯丝亮度相应的灯丝的电流、电压降或电阻等电气参数，并最终显示温度示值。在图4-16中采用的是测量灯丝两端的电流。不同型号的光学高温计的结构大同小异。灰色吸收玻璃的作用是吸收部分辐射能量，在防止灯丝升华的同时提高量程。

4.1.5.3 亮度温度计测量误差分析

（1）黑度系数的影响

光学高温计的标尺是按绝对黑体标定的，而实际的被测物体又都不是绝对黑体，仪表的读数应当按式(4-12)引入单色黑度系数后进行修正，求出真实温度。由于黑度系数值与物体的材质、表面状况、温度范围及波长等有关，虽然一些书籍中列入了某些材料的ε_λ值，但也只告诉了一个估值范围，实际应用中较难估计准确，所求得的修正值也难以完全修正测量误差。这是辐射式温度计应用中较难解决的一个问题。为了克服此困难，可以在测量中，让被测对象尽可能地向绝对黑体接近。例如，从炉门上的小孔观测炉膛内部空间的温度，可以认为其黑度系数ε_λ近似为1，根据式(4-12)仪表示值就基本上是炉膛内的真实温度，无须加以修正了。

（2）中间介质的吸收

被测物至高温计物镜之间的水蒸气、二氧化碳、灰尘等均会吸收被测物的辐射能，减弱到达高温计灯泡灯丝处的亮度，使测量结果低于实际温度，形成负的误差。因此应当尽可能地在清洁的环境中测量，以克服中间介质吸收的影响。

（3）非自身辐射的影响

如果到达光学高温计镜头的辐射线不仅有被测物自身的辐射，还有其他物体发出经被测物表面反射而进入物镜的射线时，亮度平衡的结果将产生正的测量误差，应予以防止。

4.1.6　温度显示仪表

温度显示仪表用来接收热电偶或电阻体的测量信号，用于显示被测介质温度值。可分为：模拟式、数字式和图像显示三大类。

模拟式：用指针或记录笔等形式，通过偏转角或位移量模拟显示。有动圈式温度指示仪、电子电位差计、电子平衡电桥等。

数字式：将被测温度直接通过数字的形式显示出来。如数字式显示仪等。

图像式：以图形、字符、曲线等方式，用屏幕对被测温度进行显示。如无纸记录仪等。

1. 动圈式显示仪表

动圈式显示仪表是最典型的模拟式显示仪表，由测量机构和测量线路两部分构成。

根据配接测量元件的不同，动圈仪表可分为：与热电偶配接的动圈仪表和与热电阻配接的动圈仪表。不同的动圈表具有相同的测量机构，区别在于测量线路的不同。

（1）测量机构的动作原理

被测热电势通过连接导线、上下张丝、动圈电阻等构成的闭合回路，形成一定的电流强度，通电动圈在磁场中受到磁场力的作用，产生偏转，带动指针指示被测量的数值。

（2）测量线路

1）与热电偶配接的动圈表的测量线路

R_C：量程电阻；$R_T//R_B$：温度补偿电阻；R_L：外线路调整电阻；R_D：动圈电阻。通过调整 R_L 保证外线路电阻为 15Ω。$R_T//R_B$ 的温度特性恰好与动圈电阻的温度特性相反，可起到温度补偿的作用。在满偏电流不变的情况下，调整 R_C 的大小可改变测量上限的数值，即扩大量程（图 4-17）。

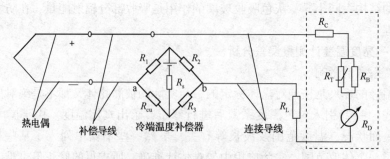

图 4-17　与热电偶配接的动圈表的测量线路图

2）与热电阻配接的动圈表的测量线路

热电阻通过三线制的接线方法接入动圈表内部的不平衡电桥。不平衡电桥将随温度变化的电阻值转换为不平衡电压送动圈测量机构，指示被测温度。要求连接线 R_W 的阻值都为 5Ω 且并行铺设。与热电阻配接的动圈表内部有二级稳压电源，为不平衡电桥提供稳定的供电电压（图 4-18）。

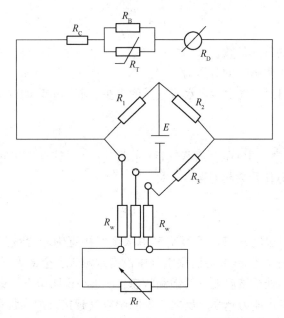

图 4-18　与热电阻配接的动圈表的测量线路图

2. 电子电位差计

电子电位差计由热电偶、测量桥路、放大器、可逆电机、同步电机等组成。它是基于电压补偿原理工作的。热电偶感测的热电势和不平衡桥路输出的电势值作比较，并将偏差信号送至放大器，使可逆电机带动可调电阻的滑动触点动作，来改变测量桥路的输出电势值，最终使仪表处于平衡状态而显示被测温度。

3. 电子平衡电桥

电子平衡电桥由热电阻、平衡电桥、放大器等组成。它是基于平衡电桥原理工作的。即热电阻感测的电阻值与平衡桥路的桥臂阻值作比较，打破原来桥路的电阻平衡关系，产生相应的偏差电势信号送至放大器，使可逆电机带动可调电阻的滑动触点动作，来改变桥路的桥臂电阻，从而使仪表达到新的平衡状态而显示被测温度。

4.2　湿度测量技术

在工农业生产、气象、环保、国防、科研、航天等部门，经常需要对环境湿度进行测量及控制。对环境温、湿度的控制以及对工业材料水分值的监测与分析都已成为比较普遍的技术条件之一，但在常规的环境参数中，湿度是最难准确测量的一个参数。这是因为测量湿度要比测量温度复杂得多，温度是个独立的被测量，而湿度却受其他因素(大气压强、温度)的影响。此外，湿度的校准也是一个难题。国外生产的湿度标定设备价格十分昂贵。

1. 湿度定义

在计量法中规定，湿度定义为"物象状态的量"。湿度分为绝对湿度和相对湿度。

(1) 绝对湿度

每立方米湿空气中含有水蒸气的质量称为绝对湿度，即空气中水蒸气的密度。由理想气体状态方程可得：

$$\rho_{st} = \frac{p_{st}}{R_{st}T} \qquad (4-13)$$

式中　R_{st}——水蒸气的气体常数；

　　　p_{st}——湿空气中水蒸气的分压力。

绝对湿度只能说明湿空气中所含水蒸气量的多少，而不能表明湿空气在该状态下具有的吸收水分的能力大小。

(2) 相对湿度

即气体中(通常为空气中)所含水蒸气量(水蒸气压)与其空气相同情况下饱和水蒸气量(饱和水蒸气压)的百分比称为相对湿度，即

$$\varphi = \frac{p_{st}}{p_s} \times 100\% \qquad (4-14)$$

由上式可见，相对湿度 φ 表征了湿空气中水蒸气接近饱和含量的程度。相对湿度的数值应在 $0 \leqslant \varphi \leqslant 1$ 范围内。当 $\varphi=0$ 说明湿空气中没有水蒸气，全部为干空气；当 $\varphi=1$ 说明湿空气已经达到了饱和，处于该温度下的饱和状态；φ 越小说明湿空气偏离饱和湿空气的状态越远，空气越干燥，吸水能力越强。反之，说明湿空气越接近饱和状态，空气越潮湿，吸水能力越弱。

日常生活中所指的湿度为相对湿度，用 RH% 表示。湿度很久以前就与生活存在着密切的关系，但用数量来进行表示较为困难。对湿度的表示方法有绝对湿度、相对湿度、露点、湿气与干气的比值(质量或体积)等等。

2. 湿度测量方法

湿度测量从原理上划分有二三十种之多。但湿度测量始终是世界计量领域中著名的难题之一。一个看似简单的量值，深究起来，涉及相当复杂的物理-化学理论分析和计算，初涉者可能会忽略在湿度测量中必须注意的许多因素，因而影响传感器的合理使用。

常见的湿度测量方法有：动态法(双压法、双温法、分流法)，静态法(饱和盐法、硫酸法)，露点法，干湿球法和电子式传感器法。

(1) 双压法、双温法

双压法、双温法是基于热力学 p、V、T 平衡原理，平衡时间较长。分流法是基于绝对湿气和绝对干空气的精确混合。由于采用了现代测控手段，这些设备可以做得相当精密，却因设备复杂、昂贵，运作费时费工，主要作为标准计量之用，其测量精度可达 $\pm2\%$ RH 以上。

(2) 静态法中的饱和盐法

饱和盐法是湿度测量中最常见的方法，简单易行。但对液、气两相的平衡要求很严，对环境温度的稳定要求较高。用起来要求等很长时间去平衡，低湿点要求更长。特别在室内湿度和瓶内湿度差值较大时，每次开启都需要平衡 6~8h。

(3) 露点法

露点法是测量湿空气达到饱和时的温度，是热力学的直接结果，准确度高，测量范围宽。计量用的精密露点仪准确度可达 ±0.2℃ 甚至更高。但用现代光-电原理的冷镜式露点仪价格昂贵，常和标准湿度发生器配套使用。

(4) 干湿球法

干湿球法是 18 世纪就发明的测湿方法，历史悠久，使用最普遍。干湿球法是一种间接

方法，它用干湿球方程换算出湿度值，而此方程是有条件的：即在湿球附近的风速必需达到2.5m/s以上。普通用的干湿球温度计将此条件简化了，所以其准确度只有5%~7%RH，干湿球也不属于静态法，不要简单地认为只要提高两支温度计的测量精度就等于提高了湿度计的测量精度。

（5）电子式湿度传感器法

电子式湿度传感器产品及湿度测量属于20世纪90年代兴起的行业，近年来，国内外在湿度传感器研发领域取得了长足进步。湿敏传感器正从简单的湿敏元件向集成化、智能化、多参数检测的方向迅速发展，为开发新一代湿度测控系统创造了有利条件，也将湿度测量技术提高到新的水平。

3. 湿度测量方案的选择

现代湿度测量方案最主要的有两种：干湿球测湿法；电子式湿度传感器测湿法。下面对这两种方案进行比较，以便选择适合自己的湿度测量方法。

（1）干湿球湿度计的特点

早在18世纪人类就发明了干湿球湿度计，干湿球湿度计的准确度还取决于干球、湿球两支温度计本身的精度；湿度计必须处于通风状态：只有纱布水套、水质、风速都满足一定要求时，才能达到规定的准确度。干湿球湿度计的准确度只有5%~7%RH。

干湿球测湿法采用间接测量方法，通过测量干球、湿球的温度经过计算得到湿度值，因此对使用温度没有严格限制，在高温环境下测湿不会对传感器造成损坏。

干湿球测湿法的维护相当简单，在实际使用中，只需定期给湿球加水及更换湿球纱布即可。与电子式湿度传感器相比，干湿球测湿法不会产生老化、精度下降等问题。所以干湿球测湿方法更适合于在高温及恶劣环境的场合使用。

（2）电子式湿度传感器的特点

而电子式湿度传感器是近几十年，特别是近20年才迅速发展起来的。湿度传感器生产厂在产品出厂前都要采用标准湿度发生器来逐支标定。电子式湿度传感器的准确度可以达到2%~3%RH。

在实际使用中，由于尘土、油污及有害气体的影响，使用时间一长，会产生老化，精度下降。湿度传感器年漂移量一般都在±2%左右，甚至更高。一般情况下，生产厂商会标明1次标定的有效使用时间为1年或2年，到期需重新标定。

电子式湿度传感器的精度水平要结合其长期稳定性去判断，一般说来，电子式湿度传感器的长期稳定性和使用寿命不如干湿球湿度传感器。

湿度传感器是采用半导体技术，因此对使用的环境温度有要求，超过其规定的使用温度将对传感器造成损坏。所以电子式湿度传感器测湿方法更适合于在洁净及常温的场合使用。

4.3 压力测量技术

4.3.1 概述

压力是工业生产过程中的重要参数之一，为了保证生产正常运行，必须对压力进行监测和控制。比如在化学反应中，压力既影响物料平衡，又影响化学反应速度，所以必须严格遵守工艺操作规程，这就需要测量或控制其压力，以保证工艺过程的正常进行。其次压力测量或控制也是安全生产所必需的，通过压力监视可以及时防止生产设备因过压而引起破坏或爆炸。在热电厂中，炉膛负压反映了送风量与引风量的平衡关系，炉膛压力的大小还与炉内稳定燃烧密切相关，直接影响机组的安全经济运行。

4.3.1.1 压力单位

工程技术上，压力对应于物理概念中的压强，即指均匀而垂直作用于单位面积上的力，用符号 p 表示。在国际单位制中，压力的单位为帕斯卡(Pascal)，简称帕，用符号 Pa 表示，其物理意义是 1N 力垂直均匀地作用于 $1m^2$ 面积上所产生的压力称为 1Pa，即 $1Pa = \dfrac{1N}{1m^2}$。

目前在工程技术上仍使用的压力单位还有：工程大气压、物理大气压、巴、毫米汞柱和毫米水柱等。我国已规定国际单位帕斯卡为压力的法定计量单位。

4.3.1.2 压力的表示方法

在测量中，压力有三种表示方式，即绝对压力、表压力、真空度或负压，此外，还有压力差(差压)。

绝对压力是指被测介质作用在物体单位面积上的全部压力，以符号 p 表示，是物体所受的实际压力。

表压力是指绝对压力与大气压力的差值。当差值为正时，称为表压力，以符号 p_g 表示，简称压力；当表压力为负时，称为负压或真空，该负压的绝对值称为真空度，以 p_v 表示。

差压是指两个压力的差值。习惯上把较高一侧的压力称为正压力，较低一侧的压力称为负压力。但应注意的是正压力不一定高于大气压力，负压力也并不一定低于大气压力。

各种工艺设备和测量仪表通常是处于大气之中，也承受着大气压力，只能测出绝对压力与大气压力之差，所以工程上经常采用表压和真空度来表示压力的大小。所以，一般的压力测量仪表所指示的压力也是表压或真空度。因此，以后所提压力，在无特殊说明外，均指表压力。

4.3.1.3 压力测量的主要方法和分类

目前，压力测量的方法很多，按照信号转换原理的不同，一般可分为四类。

1. 液柱式压力测量

该方法是根据流体静力学原理，把被测压力转换成液柱高度差进行测量。一般采用充有水或水银等液体的玻璃 U 形管或单管进行小压力、负压和差压的测量。

2. 弹性式压力测量

该方法是根据弹性元件受力变形的原理，将被测压力转换成弹性元件的位移或力进行测量。常用的弹性元件有弹簧管、弹性膜片和波纹管。

3. 电气式压力测量

该方法是利用敏感元件将被测压力直接转换成各种电量进行测量。如电阻、电容量、电流及电压等。

4. 活塞式压力测量

该方法是根据液压机液体传送压力的原理，将被测压力转换成活塞面积上所加平衡砝码的重力进行测量(图 4-19)。它普遍被用作标准仪器对压力测量仪表进行检定，如压力校验台。

在工业生产过程中，常使用弹性式压力仪表进行就地显示，使用电气式压力仪表进行压力信号的远传。

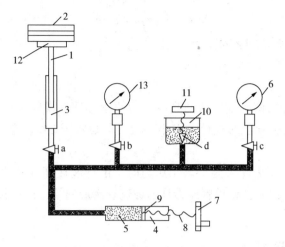

图 4-19 活塞式压力计示意图

1—测量活塞；2—砝码；3—活塞柱；4—手摇泵；5—工作液；6—被校压力表；7—手轮；8—丝杆；
9—手摇泵活塞；10—油杯；11—进油阀手轮；12—托盘；13—标准压力表；a、b、c—切断阀；d—进油阀

4.3.2 液柱式压力测量

液柱式压力计是利用液柱所产生的重力与被测压力平衡，并根据液柱高度来确定被测压力大小的压力计。一般用水、水银、酒精等作为工作液，采用 U 形管、单管进行测量，且要求工作不能与被测介质起化学作用，并保证管内界面界线清晰。常用的有 U 形管压力计（图 4-20）、单管压力计（图 4-21）、斜管压力计（图 4-22）。

液柱式压力计的优点是结构简单、使用方便、准确度较高。但是，其量程受液柱高低的限制，玻璃管易碎，只能就地显示，不能远传。

下面简单介绍一下 U 形管压力计的测量原理。在 U 形管的两个管口分别接压力 p_1、p_2。当 $p_1 = p_2$ 时，两管的液体高度相等；当 $p_1 > p_2$ 时，管内的液面便会产生高度差，如果将其中一管通大气压，则所测得的压力为表压。

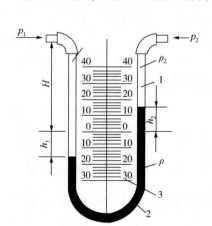

图 4-20 U 形管压力计
1—U 形玻璃管；2—工作液；
3—刻度尺

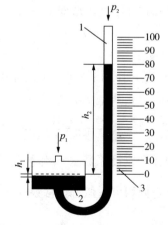

图 4-21 单管液柱式压力计
1—测量管；2—宽口容器；
3—刻度尺

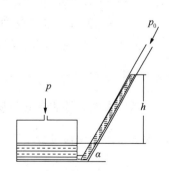

图 4-22 斜管式压力计

$$\Delta p = p_1 - p_2 = \rho g(h_1 + h_2) \tag{4-15}$$

式中　ρ——所用液体密度，kg/m³；

　　　g——重力加速度，$g = 9.81 \text{m/s}^2$；

　　　H——液柱高度，m。

由于 U 形管压力计需两次读取液面高度，为使用方便，设计出一次读取液面高度的单管压力计。其实就是两个管子的直径大小相差大（即做成一边大一边小），且将读数改为一边读数。

因用 U 形管或单管压力计来测量微小压力时，由于液柱高度变化很小，读数困难。为提高灵敏度，减小读数误差，将单管压力计的玻璃管制成斜管，以拉长液柱。主要用来测量微小压力、负压和压力差。

4.3.3　弹性式压力测量

弹性式压力测量是利用弹性元件作为压力敏感元件把压力信号转换成弹性元件的位移或力的一种测量方法。该方法只能测量表压和负压，通过传动机构直接对被测的压力进行就地指示。为了将压力信号远传，弹性元件常和其他转换元件一起使用组成各种压力传感器。

该测量方法具有结构简单、使用方便和价格低廉的特点，应用范围广，测量范围宽，因此在工业生产中使用十分普遍。但是基于弹性元件的各种压力测量共同特点是只能测量静态压力。

4.3.3.1　弹性元件的测量原理

弹性元件的测量原理是弹性元件在弹性限度内受压后会产生变形，变形的大小与被测压力成正比关系。

弹性元件受压力作用后通过受压面表现为力的作用，假设被测压力为 p_x，力为 F，其大小为

$$F = Ap_x \tag{4-16}$$

式中　A——弹性元件承受压力的有效面积。

根据虎克定律，弹性元件在弹性限度内形变 x 与所受外力 F 成正比关系，即

$$F = Kx \tag{4-17}$$

式中　K——弹性元件的刚度系数；

　　　x——弹性元件在受到外力 F 作用下所产生的位移（即形变）。

因此，当弹性元件所受压力为 p_x 时，其位移量为

$$x = \frac{F}{K} = \frac{A}{K} p_x \tag{4-18}$$

其中弹性元件的有效面积 A 和刚度系数 K 与弹性元件的性能、加工过程和热处理等有较大关系。当位移量较小时，它们均可近似看作常数，压力与位移呈线性关系。比值 $\frac{A}{K}$ 的大小决定了弹性元件的压力测量范围，一般地，$\frac{A}{K}$ 越小，可测压力就越大。

4.3.3.2　弹性元件

目前，用作压力测量的弹性元件主要有弹性膜片、波纹管和弹簧管（图 4-23）。

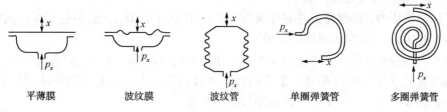

| 平薄膜 | 波纹膜 | 波纹管 | 单圈弹簧管 | 多圈弹簧管 |

图 4-23　弹性元件

1. 弹性膜片

弹性膜片是一种沿外缘固定的片状形测压弹性元件，厚度一般在 0.05~0.3mm。按其剖面形状分为平薄膜和波纹膜，如图 4-23 所示。波纹膜片是一种压有环状同心波纹的圆形薄膜，有时也将两块弹性膜片沿周边对焊起来，形成一薄膜盒子，称之为膜盒，其内部抽成真空，并且密封起来。

弹性膜片的特性一般用中心的位移和被测压力的关系来表征。当膜片的位移较小时，它们之间有良好的线性关系。此外，波纹膜的波纹数目、形状、尺寸和分布情况既与压力测量范围有关，也与线性度有关；当膜盒外压力发生变化时，膜盒中心将产生位移，这种真空膜盒常用来测量大气的绝对压力。

弹性膜片受压力作用产生位移，可直接带动传动机构指示。但是，由于弹性膜片的位移较小，灵敏度低，指示精度也不高，更多的是弹性膜片和其他转换元件合起来把压力转换成电信号，如电容式压力传感器、光纤式压力传感器、力矩平衡式传感器等。

2. 波纹管

波纹管是一种具有等间距同轴环状波纹，能沿轴向伸缩的测压弹性元件。当波纹管受轴向的被测压力 p_x 时，产生的位移为：

$$x = KAp_x \tag{4-19}$$

式中　K——系数，与泊松系数、弹性模数、非波纹部分的壁厚、完全工作的波纹数、波纹平面部分的倾斜角、波纹管的内径以及波纹管的材料有关；

　　　A——波纹管承受压力的有效面积。

波纹管受压力作用产生位移，由其顶端安装的传动机构直接带动指针读数。相对于弹性膜片而言，波纹管的位移较大，灵敏度高，尤其是在低压区，因此常用于测量较低的压力。但是波纹管存在较大的迟滞误差，指示精度一般只能达到 1.5 级。

3. 弹簧管

弹簧管(又称波登管)是用一根横截面呈椭圆形或扁圆形的非圆形管子弯成圆弧形状而制成的，其中心角常为 270°。弹簧管的一端开口，作为固定端，固定在仪表的基座上。另一端封闭，作为自由端。当由固定端通入被测介质时，被测介质充满弹簧管的整个内腔，弹簧管因承受内压，其截面形状趋于变圆并伴有伸直的趋势，封闭的自由端产生位移，其中心角改变，该位移的大小与被测介质压力成比例。

自由端的位移可以通过传动机构带动指针转动，直接指示被测压力，也可以配合适当的转换元件，比如霍尔元件和电感线圈中的衔铁把弹簧管自由端的位移变换成电信号(霍尔电势、线圈的电感量的变化)输出。

单圈弹簧管受压力作用后，中心角变化量一般较小，灵敏度较低。在实际测量时，可采用多圈弹簧管以提高测量的灵敏度。

4.3.3.3 单圈弹簧管压力表

单圈弹簧管压力表的弹性元件是弹簧管，广泛用于测量对铜合金不起腐蚀作用的液体、气体和蒸气的压力，其结构如图4-24所示。

被测压力由接头9输入，弹簧管1因承受压力而使自由端产生一定的直线位移，通过拉杆2使扇形齿轮3作逆时针偏转，于是指针5通过同轴的中心齿轮4的带动而作顺时针偏转，在表盘面6的刻度标尺上显示出被测压力的数值。

其中游丝7是用来克服因扇形齿轮和中心齿轮之间存在的间隙所产生的仪表变差。压力表的量程调节是通过调节调整螺钉8的位置，也就是改变机械传动的放大系数来实现的。

4.3.4 电气式压力测量

4.3.4.1 电容式压力测量

电容式压力测量的原理是把被测压力信号变化转换成电容量的变化。目前广泛采用的是以测压弹性膜片作为可变电容器的动极板，它与固定极板之间形成一可变电容器。被测压力作用于弹性膜片上，当被测压力变化，弹性膜片产生位移，使电容器的可动极板与固定极板之间的距离改变，从而改变了电容器的电容值，通过测量电容的变化量可间接获得被测压力的大小。

1. 电容式压力测量原理

电容式传感器是目前应用非常广泛的一种压力/差压测量传感器，其工作原理如图4-25所示。电容式传感器采用全密封电容感测元件小室，直接感受压力。被测压力作用于两侧的隔离膜片上，并通过充满小室的硅油把压力均匀地传给中心测量膜片，中心测量膜片是一个张紧的弹性元件。该膜片作为差动式电容的动极板，定极板是在绝缘体的球形凹表面上镀一层金属薄膜而成。当被测压差发生变化，中心测量膜片产生变形位移，位移量与差压成正比，此位移转变为电容极板上形成的差动电容，并由其两侧的电容固定极板检测出来。

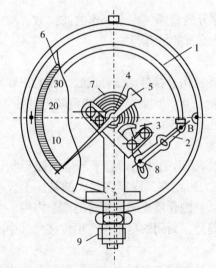

图4-24 弹簧管压力表

1—弹簧管；2—拉杆；3—扇形齿轮；4—中心齿轮；
5—指针；6—面板；7—游丝；8—调整螺钉；9—接头

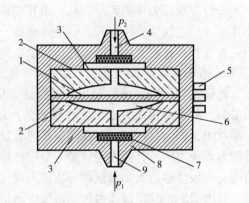

图4-25 差动式电容压差传感器

1—弹性平膜片(动极)；2—凹玻璃圆片；
3—金属镀层(定极)；4—低压侧进气孔；5—输出端子；
6—空腔；7—过滤器；8—壳体；9—高压侧进气孔

2. 转换原理

被测压力经 δ 室转换后的差动电容可以通过转换电路转换成二线制 4~20mADC 输出信号。

被测压力和差动电容之间的转换关系为：

$$\frac{C_2-C_1}{C_2+C_1}=K_1 p \tag{4-20}$$

式中　p——被测压力/差压；

　　K_1——常数；

　　C_1——高压侧极板和传感膜片之间的电容；

　　C_2——低压侧极板和传感膜片之间的电容。

转换电路输出的电流信号与两电容值的差和比成比例，即

$$I_{\text{sig}}=K_2\frac{C_2-C_1}{C_2+C_1}=KP \tag{4-21}$$

压力变送器输出的电流信号与被测压力/差压之间呈线性关系。

由于电容式压力测量的测量范围宽，准确度高，灵敏度也高，过载能力强，尤其适应测高静压下的微小差压变化。

4.3.4.2　压电式压力测量

压电式压力测量的原理是利用压电材料的压电效应，即压电材料受压时会在其表面产生电荷，其电荷量与所受压力成正比。

为了适应各种不同要求的使用场所，压电式压力传感器的结构很多，但其工作原理都是相同，下面以图 4-26 所示结构形式的压电式压力传感器为例作简单介绍。

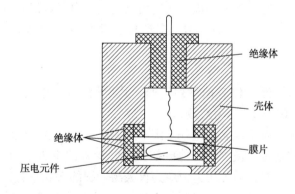

图 4-26　压电式压力传感器

压电元件被夹在两块弹性膜片之间，当被测压力 p_x 作用于弹性膜片时，压电元件的上、下表面产生电荷，电荷量与压力 p_x 成正比，即 $q_x=KAp_x$，即压电传感器输出的电荷与被测压力 p_x 成正比，然后将产生的电荷由引线插件输出给电荷或电压放大器，转换成电压或电流输出。由于压电材料上产生的电荷量非常小，属于皮库仑数量级，因此需要增加高阻抗的直流放大器(电荷或电压放大器)，放大传感器输出微弱的电信号，并将传感器的高阻抗输入变换成低阻抗输出，提高测量精度。

由于外力作用而在压电材料上产生的电荷只有在无泄漏的情况下才能够长期保存，因此需要相应的测量电路具有无限大的输入阻抗。而实际上这是不可能的，所以压电式压力传感

器不宜作静态测量。只有在其上施加交变力，电荷才能够不断得到补充，可以供给测量电路一定的电流，故压电式压力传感器只适宜作动态测量。

压电式压力传感器的特点是：结构简单、紧凑，小巧轻便，工作可靠，具有线性度好、频率响应高、量程范围大等优点。

4.3.5　压力测量仪表的选择和安装

在工程应用中，如何选择恰当的压力测量仪表是一项重要的工作。为了正确、及时地反映被测对象压力的变化，必须根据生产工艺对压力测量的要求、被测介质的特性、现场使用的环境等条件，本着节约的原则合理地考虑压力测量仪表的类型、型式、量程、准确度等。

此外还必须正确选择测点，正确设计和敷设导压信号管路等，否则会影响测量结果。

4.3.5.1　压力测量仪表的选择

选择压力测量仪表主要是确定其种类、量程和精度等。

1. 仪表种类的选择

压力测量仪表类型的选择主要应考虑以下几个方面：

① 被测介质的性质。被测介质是流动的还是静止的，黏性大小，温度高低，是液体还是气体，是否具有腐蚀性、爆炸性和可燃性等。对腐蚀性较强的压力介质应使用像不锈钢之类材料的弹性元件；对氧气、乙炔等介质应选用专用的压力仪表。

② 对仪表输出信号的要求。是就地显示还是要远传压力信号。弹性式压力测量仪表是就地直接指示型仪表，在许多工程现场中进行就地观察压力变化的情况。电气式压力测量仪表可把压力信号远传到控制室。

③ 压力测量仪表的使用环境。有无振动，温度的高低，湿度的高低，环境有无腐蚀性、爆炸性和可燃性。对爆炸性较强的环境，在使用电气式压力测量仪表时，应选择防爆型压力仪表；对于温度特别高或特别低的环境，应选择温度系数小的敏感元件以及相应的变换元件。

2. 仪表量程的选择

目前我国压力和差压测量仪表按系列生产，其量程上限（单位：kPa）为 1、1.6、2.5、4.0、6.0 以及它们的 10^n 倍数（n 为整数）。

为了测量的准确度，测压仪表的量程上限不能取得太大，也不能取得太小。

如果所测压力比较稳定，被测压力值应在仪表满量程的 1/3～3/4 范围内；如果所测压力波动较大或是脉动压力时，被测压力值应为仪表满量程的 2/3 左右，且不应低于满量程的 1/3。如果所测压力变化范围较大，超过了上述要求，则应使仪表量程上限满足最大工作压力条件。

3. 仪表精度的选择

根据仪表的基本误差不大于测量的最大允许误差来选择压力测量仪表的精度，同时应本着节约的原则，只要测量精度能满足生产的要求就不必追求高精度的仪表。

4.3.5.2　压力测量仪表的安装使用要求

1. 取压口的位置和形状

取压口用于取出被测介质得到压力信号，是导压信号管路的入口。为了正确测量压力信号，取压口位置应远离各种阻力件，并使压力信号导管走向合理，不会产生积气、积液或掉进污物而堵塞。

取压口一般是垂直于容器或管道内壁的圆形开孔，且不能有倒角、凸出物和毛刺。

测量流体压力时，取压口应引自管道截面的下部，以使液体中析出的少量气体能顺利地流回工艺管道，不至于因为进入测量管路以及仪表而导致测量不稳定。但又不能在管道的最下部，以防止工艺管路底部的固体杂质进入测量管路及仪表，最好是在管道水平中心线以下并与水平中心线成 $0\sim45°$ 夹角的范围内。测量气体压力时，取压口应取自管道截面的上部，以防止气体中的少量凝结液能顺利流回工艺管路，不至于因为进入测量管路及仪表而造成测量误差。测量蒸气介质时，取压口应在管道的上半部及水平中心线以下，并与水平中心线成 $0\sim45°$ 夹角的范围内，以保证测量管路内有稳定的冷凝液，同时也要防止工艺管道底部的固体杂质进入测量管路和仪表。

2. 导压信号管路

对于水、蒸气介质，导压管的内径一般取 $\phi7\sim\phi13mm$，其长度不宜过长，一般工业测量系统中规定管路长度不能超过 60m。导压管内径过小，长度太长会影响测压的动态误差。内径过大时，安装维修比较方便。

导压管路应垂直或倾斜敷设，不应水平敷设，以防止测液体时聚集气泡，测气体时聚集水柱。管路应尽量直行，少急弯。气体介质导压管向上倾斜铺设，系统最低处安装集水装置；液体介质导压管向下倾斜铺设，系统最高处安装集气装置。

如果是差压仪表，正、负两根导压管应尽量靠近，并行敷设。如需防冻伴热，应使两管受热均匀一致，且不得过热汽化。如需隔热时，对两根管采取的措施也要一致。总之使两根管内的传压介质温度一致，以不致产生附加误差。

3. 导压信号管路附件

在导压信号管路上装设哪些附件要看实际需要，根据具体情况可具体设计选择。常用的有：

① 防止运行中仪表发生故障时，用以切断压力，须安装一次针形阀门；

② 为了仪表投入和停用时操作时用，须安装二次针形阀门（或三通阀）；

③ 为隔离弹性元件，免受介质加热，且便于加装密封填片，需安装冷凝盘管或弯头；

④ 当测量有脉动压力时，一般应加阻尼器；但测量动态压力时就不应加装阻尼器；

⑤ 测量腐蚀介质的压力时，可考虑采用隔离容器。

4.4　流速测量技术

流体的流速和流量是化工生产操作中经常要测量的重要参数。流速测量技术包括测速管、热线风速仪、激光多普勒测速技术、粒子图像测速技术等。

4.4.1　测速管

测速管又名皮托管，其结构如图 4-27 所示。皮托管由两根同心圆管组成，内管前端敞开，管口截面（A 点截面）垂直于流动方向并正对流体流动方向。外管前端封闭，但管侧壁在距前端一定距离处四周开有一些小孔，流体在小孔旁流过（B）。内、外管的另一端分别与 U 形压差计的接口相连，并引至被测管路的管外。

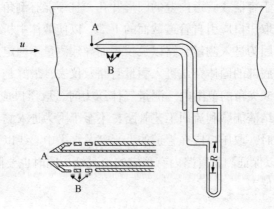

图 4-27　测速管

皮托管 A 点应为驻点，驻点 A 的势能与 B 点势能差等于流体的动能，即

$$\frac{p_A}{\rho}+gZ_A-\frac{p_B}{\rho}-gZ_B=\frac{u^2}{2} \qquad (4-22)$$

由于 Z_A 几乎等于 Z_B，则

$$u=\sqrt{2(p_A-p_B)/\rho} \qquad (4-23)$$

用 U 形压差计指示液液面差 R 表示，则式(4-23)可写为：

$$u=\sqrt{2R(\rho'-\rho)g/\rho} \qquad (4-24)$$

式中　　u——管路截面某点轴向速度，简称点速度，m/s；

　ρ'、ρ——指示液与流体的密度，kg/m^3；

　R——U 形压差计指示液液面差，m；

　g——重力加速度，m/s^2。

显然，由皮托管测得的是点速度。因此用皮托管可以测定截面的速度分布。管内流体流量则可根据截面速度分布用积分法求得。对于圆管，速度分布规律已知，因此，可测量管中心的最大流速 u_{max}，然后根据平均流速与最大流速的关系，求出截面的平均流速，进而求出流量。

为保证皮托管测量的精确性，安装时要注意：

① 要求测量点前、后段有一约等于管路直径 50 倍长度的直管距离，最少也应为 8～12 倍；

② 必须保证管口截面(图 4-27 中 A 处)严格垂直于流动方向；

③ 皮托管直径应小于管径的 1/50，最少也应小于 1/15。

皮托管的优点是阻力小，适用于测量大直径气体管路内的流速，缺点是不能直接测出平均速度，且 U 形压差计压差读数较小。

4.4.2　热线风速仪

热线风速仪是将流速信号转变为电信号的一种测速仪器，也可测量流体温度或密度。其原理是，将一根通电加热的细金属丝(称)置于气流中，在气流中的散热量与流速有关，而散热量导致温度变化而引起电阻变化，流速信号即转变成电信号。它有两种工作模式：恒流式，通过的电流保持不变，温度变化时，电阻改变，导致两端电压变化，由此测量流速；恒温式。恒温式的温度保持不变，如保持150℃，根据所需施加的电流可度量流速。恒温式比恒流式应用更广泛。长度一般在0.5~2mm范围，直径在1~10μm范围，材料为铂、钨或铂铑合金等。若以一片很薄(厚度小于0.1μm)的金属膜代替金属丝，即为热膜风速仪，功能与热丝相似，但多用于测量液体流速。除普通的单线式外，还可以是组合的双线式或三线式，用以测量各个方向的速度分量。从输出的电信号，经放大、补偿和数字化后输入计算机，可提高测量精度，自动完成数据后处理过程，扩大测速功能，如同时完成瞬时值和时均值、合速度和分速度、湍流度和其他湍流参数的测量。

风速仪与皮托管相比，具有探头体积小，对流场干扰小；响应快，能测量非定常流速；能测量很低速(如低达0.3m/s)等优点。风速计也有一种叫热球式风速计。热球式风速计是一种能测低风速的仪器，其测定范围为0.05~10m/s。

热球式风速计是由热球式测杆探和测量仪表两部分组成。探头有一个直径0.6mm的玻璃球，球内绕有加热玻璃球用的镍铬丝圈和两个串联的热电偶。热电偶的冷端连接在磷铜质的支柱上，直接暴露在气流中。当一定大小的电流通过加热圈后，玻璃球的温度升高。升高的程度和风速有关，风速小时升高的程度大；反之，升高的程度小。升高程度的大小通过热电偶在电表上指示出来。根据电表的读数，查校正曲线，即可查出所测的风速(m/s)。

4.4.3 激光多普勒测速仪

激光多普勒测速仪(Laser Doppler Velocimetry，LDV)，是应用多普勒效应，利用激光的高相干性和高能量测量流体或固体流速的一种仪器。它具有线性特性与非接触测量的优点，并且精度高、动态响应快。由于它大多数用在流动测量方面，国外习惯称它为激光多普勒风速仪(Laser Doppler Anemometer，LDA)，或激光测速仪或激光流速仪(Laser Velocimetry，LV)。示踪粒子是利用运动微粒散射光的多普勒频移来获得速度信息。因此它实际上测的是微粒的运动速度，同流体的速度并不完全一样。幸运的是，大多数的自然微粒(空气中的尘埃，自来水中的悬浮粒子)在流体中一般都能较好地跟随流动。如果需要人工播种，微米量级的粒子可以同时兼顾到流动跟随性和LDV测量的要求。

激光多普勒测速仪由以下部分组成：

①激光器；②入射光学单元；③频移系统；④接受光学单元；⑤数据处理器。

激光多普勒测速仪基本原理(图4-28)：仪器发射一定频率的超声波，由于多普勒效应的存在，当被测物体移动时反射回来波的频率发生变化，回收的频率是(声速±物体移动速度)/波长，由于和波长都可以事先测出来(声速会随温度变化有所变化，不过可以依靠数学修正)，只要将回收的频率经过频率-电压转换后，与原始数据进行比较和计算后，就可以推断出被测物体的运动速度。

4.4.4 粒子图像测速技术

PIV粒子图像测速法，又称粒子图像测速法，是20世纪70年代末发展起来的一种瞬态、多点、无接触式的流体力学测速方法，近几十年来得到了不断完善与发展。PIV技术的特点是超出了单点测速技术(如LDV)的局限性，能在同一瞬态记录下大量空间点上的速度分布信息，并可提供丰富的流场空间结构以及流动特性。PIV技术除向流场散布示踪粒子外，所有测量装置并不介入流场。另外PIV技术具有较高的测量精度。由于PIV技术的上述优点，已成为当今流体力学测量研究中的热门课题，因而日益得到重视。目前PIV测速方法有多种分类，无论何种形式的 PIV，其速度测量都依赖于散布在流场中的示踪粒子。PIV 法测速都是通过测量示踪粒子在已知很短时间间隔内的位移来间接地测量流场的瞬态速度分布。若示踪粒子有足够高的流动跟随性，示踪粒子的运动就能够真实地反映流场的运动状态。因此示踪粒子在 PIV 测速法中非常重要。在 PIV 测速技术中，高质量的示踪粒子要求为：①相对密度要尽可能与实验流体相一致；②足够小的尺度；③形状要尽可能圆且大小分布尽可能均匀；④有足够高的光散射效率。通常在水动力学测量中大都采用固体示踪粒子，如聚苯乙烯及尼龙颗粒、铝粉、荧光粒子等。国外已有公司专门为 PIV 测量研制出了在流体中接近上述要求的高质量固体粒子，但目前这种粒子价钱非常昂贵。

基本原理：由脉冲激光器发出的激光通过由球面镜和柱面镜形成的片光源镜头组，照亮流场中一个很薄的(1~2mm)面；在于激光面垂直方向的 PIV 专用跨帧 CCD 相机摄下流场层片中的流动粒子的图像，然后把图像数字化送入计算机，利用自相关或互相关原理处理，可以得到流场中的速度场分布(图 4-29)。

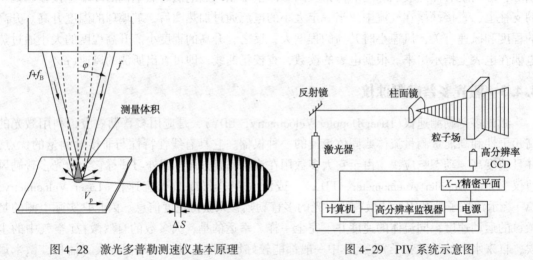

图 4-28　激光多普勒测速仪基本原理　　　图 4-29　PIV 系统示意图

4.5　流量测量技术

4.5.1　流量计的分类

1. 差压式流量计

差压式流量计是以伯努利方程和流体连续性方程为依据，根据节流原理，当流体流经节流件(如标准孔板、标准喷嘴、长径喷嘴、经典文丘里嘴、文丘里喷嘴等)时，在其前后产生压差，此差压值与该流量的平方成正比。在差压式流量计中，因标准孔板节流装置差压流量计结构简单、制造成本低、研究最充分、已标准化，而得到最广泛的应用。孔板流量计理论流量计算公式为：

$$q_f = \frac{c}{\sqrt{1-\beta^4}} \cdot \varepsilon \cdot \frac{\pi}{4} \cdot d^2 \cdot \sqrt{\frac{2\Delta p}{\rho_1}} \qquad (4-25)$$

式中，q_f 为工况下的体积流量，m^3/s；c 为流出系数，无量纲；$\beta = d/D$，无量纲；d 为工况下孔板内径，mm；D 为工况下上游管道内径，mm；ε 为可膨胀系数，无量纲；Δp 为孔板前后的差压值，Pa；ρ_1 为工况下流体的密度，kg/m^3。

对于天然气而言，在标准状态下天然气体积流量的实用计算公式为：

$$q_n = A_s \cdot c \cdot E \cdot d^2 \cdot F_G \cdot \varepsilon \cdot F_Z \cdot F_T \cdot \sqrt{p_1 \cdot \Delta p} \qquad (4-26)$$

式中，q_n 为标准状态下天然气体积流量，m^3/s；A_s 为秒计量系数，视采用计量单位而定，此式 $A_s = 3.1794 \times 10^{-6}$；$c$ 为流出系数；E 为渐近速度系数；d 为工况下孔板内径，mm；F_G 为相对密度系数；ε 为可膨胀系数；F_Z 为超压缩因子；F_T 为流动湿度系数；p_1 为孔板上游侧取压孔气流绝对静压，MPa；Δp 为气流流经孔板时产生的差压，Pa。

差压式流量计一般由节流装置（节流件、测量管、直管段、流动调整器、取压管路）和差压计组成，对工况变化、准确度要求高的场合则需配置压力计（传感器或变送器）、温度计（传感器或变送器）、流量显示仪，组分不稳定时还需要配置在线密度计（或色谱仪）等。

2. 速度式流量计

速度式流量计是以直接测量封闭管道中满管流动速度为原理的一类流量计。工业应用中主要有：

① 涡轮流量计：当流体流经涡轮流量传感器时，在流体推力作用下涡轮受力旋转，其转速与管道平均流速成正比，涡轮转动周期地改变磁电转换器的磁阻值，检测线圈中的磁通随之发生周期性变化，产生周期性的电脉冲信号。在一定的流量（雷诺数）范围内，该电脉冲信号与流经涡轮流量传感器处流体的体积流量成正比。涡轮流量计的理论流量方程为：

$$n = Aq_v + B - \frac{C}{q_v} \qquad (4-27)$$

式中，n 为涡轮转速；q_v 为体积流量；A 为与流体物性（密度、黏度等）、涡轮结构参数（涡轮倾角、涡轮直径、流道截面积等）有关的参数；B 为与涡轮顶隙、流体流速分布有关的系数；C 为与摩擦力矩有关的系数。

② 涡街流量计：在流体中安放非流线型旋涡发生体，流体在旋涡发生体两侧交替地分离释放出两列规则的交替排列的旋涡涡街。在一定的流量（雷诺数）范围内，旋涡的分离频率与流经涡街流量传感器处流体的体积流量成正比。涡街流量计的理论流量方程为：

$$q_f = \frac{\pi D^2}{4Sr} \cdot M \cdot d \cdot f \qquad (4-28)$$

式中，q_f 为工况下的体积流量，m^3/s；D 为表体通径，mm；M 为旋涡发生体两侧弓形面积与管道横截面积之比；d 为旋涡发生体迎流面宽度，mm；f 为旋涡的发生频率，Hz；Sr 为斯特劳哈尔数，无量纲。

3. 容积式流量计

在容积式流量计的内部，有一构成固定的大空间和一组将该空间分割成若干个已知容积的小空间的旋转体，如腰轮、皮膜、转筒、刮板、椭圆齿轮、活塞、螺杆等。旋转体在流体压差的作用下连续转动，不断地将流体从已知容积的小空间中排出。根据一定时间内旋转体转动的次数，即可求出流体流过的体积量。容积式流量计的理论流量计算公式：

$$q_f = n \cdot V \qquad (4-29)$$

式中，q_f 为工况下的体积流量，m^3/s；n 为旋转体的流速，周$/s$；V 为旋转体每转一周所排流体的体积，$m^3/周$。

在标准状态下，容积式流量计的体积流量计算公式与速度流量计相同。气体容积式流量计属机械式仪表，一般由测量体和积算器组成，对温度和压力变化的场合则需配置压力计

(传感器或变送器)、温度计(传感器或变送器)、流量积算仪(温压补偿)或流量计算机(温压及压缩因子补偿)。

4.5.2 孔板流量计

4.5.2.1 孔板流量计的结构和测量原理

在管路里垂直插入一片中央开有圆孔的板，圆孔中心位于管路中心线上，如图4-30所示，即构成孔板流量计。板上圆孔经精致加工，其侧边与管轴成45°角，称锐孔，板称为孔板。

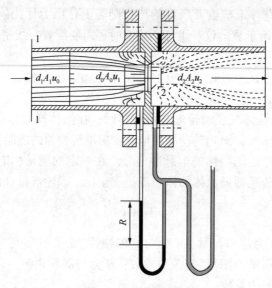

图4-30 孔板流量计

由图4-30可见，流体流到锐孔时，流动截面收缩，流过孔口后，由于惯性作用，流动截面还继续收缩一定距离后才逐渐扩大到整个管截面。流动截面最小处(图中2-2截面)称为缩脉。流体在缩脉处的流速最大，即动能最大，而相应的静压能就最低。因此，当流体以一定流量流过小孔时，就产生一定的压强差，流量愈大，所产生的压强差也就愈大。所以可利用压强差的方法来度量流体的流量。

设不可压缩流体在水平管内流动，取孔板上游流动截面尚未收缩处为截面1-1，下游取缩脉处为截面2-2。在截面1-1与2-2间暂时不计阻力损失，列伯努利方程：

$$\frac{p_1}{\rho} + gZ_1 + \frac{u_1^2}{2} = \frac{p_2}{\rho} + gZ_2 + \frac{u_2^2}{2} \tag{4-30}$$

因水平管 $Z_1 = Z_2$，则整理得

$$\sqrt{u_2^2 - u_1^2} = \sqrt{\frac{2(p_1 - p_2)}{\rho}} \tag{4-31}$$

由于缩脉的面积无法测得，工程上以孔口流速 u_0 代替 u_2，同时，实际流体流过孔口有阻力损失；而且，测得的压强差又不恰好等于 $p_1 - p_2$。由于上述原因，引入一校正系数 C，于是式(4-31)改写为：

$$\sqrt{u_0^2 - u_1^2} = C\sqrt{\frac{2(p_1 - p_2)}{\rho}} \tag{4-32}$$

以 A_1、A_0 分别代表管路与锐孔的截面积，根据连续性方程，对不可压缩流体有

$$u_1 A_1 = u_0 A_0$$

则

$$u_1^2 = u_0^2 (\frac{A_0}{A_1})^2$$

设 $\frac{A_0}{A_1} = m$，上式改写为：

$$u_1^2 = u_0^2 m^2 \tag{4-33}$$

将式(4-33)代入式(4-32)，并整理得

$$u_0 = \frac{C}{\sqrt{1-m^2}} \sqrt{\frac{2(p_1 - p_2)}{\rho}}$$

再设 $C/\sqrt{1-m^2} = C_0$，称为孔流系数，则

$$u_0 = C_0 \sqrt{\frac{2(p_1 - p_2)}{\rho}} \tag{4-34}$$

于是，孔板的流量计算式为

$$V_s = C_0 A_0 \sqrt{\frac{2(p_1 - p_2)}{\rho}} \tag{4-35}$$

式中 $p_1 - p_2$ 用 U 形压差计公式代入，则

$$V_s = C_0 A_0 \sqrt{\frac{2Rg(\rho' - \rho)}{\rho}} \tag{4-36}$$

式中 ρ'、ρ——指示液与管路流体密度，kg/m^3；

        R——U 形压差计液面差，m；

        A_0——孔板小孔截面积，m^2；

        C_0——孔流系数，又称流量系数。

流量系数 C_0 的引入在形式上简化了流量计的计算公式，但实际上并未改变问题的复杂性。只有在 C_0 确定的情况下，孔板流量计才能用来进行流量测定。

流量系数 C_0 与面积比 m、收缩、阻力等因素有关，所以只能通过实验求取。C_0 除与 Re、m 有关外，还与测定压力所取的点、孔口形状、加工粗糙度、孔板厚度、管壁粗糙度等有关。这样影响因素太多，C_0 较难确定，工程上对于测压方式、结构尺寸、加工状况均作规定，规定的标准孔板的流量系数 C_0 就可以表示为

$$C_0 = f(Re, m) \tag{4-37}$$

实验所得 C_0 示于图 4-31。

由图 4-31 可见，当 Re 数增大到一定值后，C_0 不再随 Re 数而变，而是仅由 $(\frac{A_0}{A_1}) = m$ 决定的常数。孔板流量计应尽量设计在 $C_0 =$ 常数的范围内。

从孔板流量计的测量原理可知，孔板流量计只能用于测定流量，不能测定速度分布。

4.5.2.2 孔板流量计的安装与阻力损失

1. 孔板流量计的安装

在安装位置的上、下游都要有一段内径不变的直管。通常要求上游直管长度为管径的 50 倍，下游直管长度为管径的 10 倍。若 m 较小时，则这段长度可缩短至 5 倍。

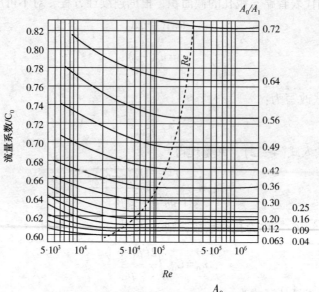

图 4-31　孔板流量计 C_0 与 Re、$\dfrac{A_0}{A_1}$ 的关系

2. 孔板流量计的阻力损失

孔板流量计的阻力损失 h_f，可由阻力公式写为：

$$h_f = \zeta \cdot \frac{u_0^2}{2} = \zeta C_0^2 \frac{Rg(\rho'-\rho)}{\rho} \tag{4-38}$$

式中，ζ 为局部阻力系数，一般在 0.8 左右。

式 (4-38) 表明阻力损失正比于压差计读数 R。缩口愈小，孔口流速 u_0 愈大，R 愈大，阻力损失也愈大。

4.5.2.3　孔板流量计的测量范围

由式 (4-36) 可知，当孔流系数 C_0 为常数时

$$V_s \propto \sqrt{R}$$

上式表明，孔板流量计的 U 形压差计液面差 R 和 V 平方成正比。因此，流量的少量变化将导致 R 较大的变化。

U 形压差计液面差 R 愈小，由于视差常使相对误差增大，因此在允许误差下，R 有一最小值 R_{min}。同样，由于 U 形压差计的长度限制，也有一个最大值 R_{max}。于是，流量的可测范围为：

$$\frac{V_{smax}}{V_{smin}} = \sqrt{\frac{R_{max}}{R_{min}}} \tag{4-39}$$

即，可测流量的最大值与最小值之比，与 R_{max}、R_{min} 有关，也就是与 U 形压差计的长度有关。

孔板流量计是一种简便且易于制造的装置，在工业上广泛使用，其系列规格可查阅有关手册。其主要缺点是流体经过孔板的阻力损失较大，且孔口边缘容易磨损和磨蚀，因此对孔板流量计需定期进行校正。

4.5.3 文丘里流量计

为了减少流体流经上述孔板的阻力损失，可以用一段渐缩管、一段渐扩管来代替孔板，这样构成的流量计称为文丘里流量计，如图4-32所示。

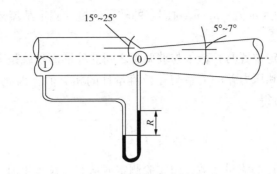

图4-32 文丘里流量计

文丘里流量计的收缩管一般制成收缩角为15°~25°；扩大管的扩大角为5°~7°。其流量仍可用式(4-36)计算，只是用 C_v 代替 C_0。文丘里流量计的流量系数 C_v 一般取0.98~0.99，阻力损失为：

$$h_f = 0.1u_0^2 \tag{4-40}$$

式中，u_0 为文丘里流量计最小截面(称喉孔)处的流速，m/s。

文丘里流量计的主要优点是能耗少，大多用于低压气体的输送。

4.5.4 转子流量计

1. 转子流量计的结构和测量原理

转子流量计的构造如图4-33所示，在一根截面积自下而上逐渐扩大的垂直锥形玻璃管内，装有一个能够旋转自如的由金属或其他材质制成的转子(或称浮子)。被测流体从玻璃管底部进入，从顶部流出。

当流体自下而上流过垂直的锥形管时，转子受到两个力的作用：一是垂直向上的推动力，它等于流体流经转子与锥管间的环形截面所产生的压力差；另一是垂直向下的净重力，它等于转子所受的重力减去流体对转子的浮力。当流量加大使压力差大于转子的净重力时，转子就上升；当流量减小使压力差小于转子的净重力时，转子就下沉；当压力差与转子的净重力相等时，转子处于平衡状态，即停留在一定位置上。在玻璃管外表面上刻有读数，根据转子的停留位置，即可读出被测流体的流量。

设 V_f 为转子的体积，m^3；A_f 为转子最大部分截面积，m^2；ρ_f、ρ 分别为转子材质与被测流体密度，kg/m^3。流体流经环形截面所产生的压强差(转子下方1与上方2之差)为 p_1-p_2，当转子处于平衡状态时，即

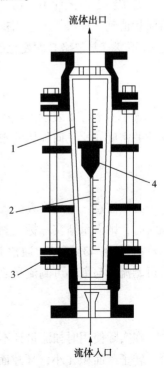

图4-33 转子流量计
1—锥形玻璃管；2—刻度；
3—突缘填函盖板；4—转子

81

$$(p_1 - p_2)A_f = V_f \rho_f g - V_f \rho g$$

于是

$$p_1 - p_2 = \frac{V_f g (\rho_f - \rho)}{A_f} \tag{4-41}$$

若 V_f、A_f、ρ_f、ρ 均为定值，$p_1 - p_2$ 对固定的转子流量计测定某流体时应恒定，而与流量无关。

当转子停留在某固定位置时，转子与玻璃管之间的环形面积就是某一固定值。此时流体流经该环形截面的流量和压力差的关系与孔板流量计的相类似，因此可将式(4-41)代入式(4-35)(符号稍作修正)得

$$V_s = C_R A_R \sqrt{\frac{2gV_f(\rho_f - \rho)}{A_f \rho}} \tag{4-42}$$

式中　C_R——转子流量计的流量系数，由实验测定或从有关仪表手册中查得；

　　　A_R——转子与玻璃管的环形截面积，m^2；

　　　V_s——流过转子流量计的体积流量，m^3/s。

由式(4-42)可知，流量系数 C_R 为常数时，流量与 A_R 成正比。由于玻璃管是一倒锥形，所以环形面积 A_R 的大小与转子所在位置有关，因而可用转子所处位置的高低来反映流量的大小。

2. 转子流量计的刻度换算和测量范围

通常转子流量计出厂前，均用20℃的水或20℃、1.013×10^5Pa 的空气进行标定，直接将流量值刻于玻璃管上。当被测流体与上述条件不符时，应作刻度换算。在同一刻度下，假定 C_R 不变，并忽略黏度变化的影响，则被测流体与标定流体的流量关系为：

$$\frac{V_{s2}}{V_{s1}} = \sqrt{\frac{\rho_1(\rho_f - \rho)}{\rho_2(\rho_f - \rho_1)}} \tag{4-43}$$

式中，下标1表示出厂标定时所用流体，下标2表示实际工作流体。对于气体，因转子材质的密度 ρ_f 比任何气体的密度要大得多，式(4-43)可简化为：

$$\frac{V_{s2}}{V_{s1}} = \sqrt{\frac{\rho_1}{\rho_2}} \tag{4-43a}$$

必须注意：上述换算公式是假定 C_R 不变的情况下推出的，当使用条件与标定条件相差较大时，则需重新实际标定刻度与流量的关系曲线。

由式(4-43)可知，通常 V_f、ρ_f、A_f、ρ 与 C_R 为定值，则 V_s 正比于 A_R。转子流量计的最大可测流量与最小可测流量之比为：

$$\frac{V_{smax}}{V_{smin}} = \frac{A_{Rmax}}{A_{Rmin}} \tag{4-44}$$

在实际使用时如流量计不符合具体测量范围的要求，可以更换或车削转子。对同一玻璃管，转子截面积 A_f 小，环隙面积 A_R 则大，最大可测流量大而比值 V_{smax}/V_{smin} 较小；反之则相反。但 A_f 不能过大，否则流体中杂质易于将转子卡住。

转子流量计的优点：能量损失小，读数方便，测量范围宽，能用于腐蚀性流体。其缺点：玻璃管易于破损，安装时必须保持垂直并需安装支路以便于检修。

4.6 流动显示和观测技术

4.6.1 概述

流动显示的任务是使流体传输现象的过程可视，它是流体力学的重要组成部分。通过各种流动显示实验，可以了解复杂的流动现象，探索其物理机制，为人们发现新的流动现象，建立新的概念和物理模型提供依据。流动显示技术本身也是解决实际工程问题的重要手段。

近代流体力学和空气动力学的发展以及分离流型在新一代飞行器研制中的应用，为人们对复杂流动(例如，分离流、旋涡流、湍流、非定常流等)的研究提出了新的课题，包括其机理研究和应用研究。这些复杂流动一般是三维，非定常、非周期性，拟序的，其性态随时间和空间而变化，或具有复杂的空间结构，或流动是非定常的，往往二者兼而有之。应该指出，至今人们对这些复杂流动现象的捕捉和流动机理的研究还很不够，其中重要原因之一是缺乏显示和测量复杂流动的手段。近十几年来，由于工程实践的迫切需要以及近代光学、激光技术、计算机技术、电子技术、信息处理技术的发展，为流动显示技术的发展带来了生机和活力，特别是在显示流动和流动内部结构的能力以及流动信息定量提取和分析处理方面有了长足的进步，可望不久的将来，可取得对三维、非定常复杂流动定量显示和测量的重大突破。

4.6.2 流动显示技术的发展历程与显示方法

流动显示技术已经有一百多年的历史，可以说，流体力学发展中的任何一次学术上的重大突破，及其应用与工程实际，几乎都是从对流动现象的观察开始的。1883 年的 Reynolds 转捩实验；1988 年的 Mach 关于激波现象的观察；20 世纪初期 Prautl 用金属粉末做示踪粒子，获得了一张沿平板的流谱图，从而提出了边界层的概念；1919 年 V. Karman 对外水槽中圆柱体绕流的观察并提出了 Karman 涡街；60 年代对脱体涡流的研究；70 年代对湍流逆序结构的发现；80 年代对大迎角分离流的研究和分离流型的提出等，无一不是以流动显示的结果为基础的。而对流动现象的深入分析，又是建立和验证新的概念，发现新的流动规律的关键。

至今出现的流动显示方法很多，大体上分为两类：一类是传统的流动显示技术；另一类是近代流动显示技术。后者的特点是与计算机控制和图像处理相结合。表 4-7 给出了两类显示方式的不同。

表 4-7　流动显示方法

第一类	第二类
传统的技术	计算机辅助技术
定性的信息	定量的信息
对比介质显示	记录、显示和存储，以便再加工
记录和显示	以彩色作为参数变量

第二代流动显示方法以含有计算机辅助技术为标志。图 4-34 给出了第二代流动显示技术包括的内容。在实验方面，以常规的流动显示设备为基础，用计算机图像处理系统做图像处理，然后用彩色显示参数的变化，给出丰富的流场信息和高质量的图像。在计算方面，重

视实验与计算的结合，用流动显示或流场测量给出某些边界条件或进行全流场测量，然后用数值模拟方法进行计算，用计算机作图，最后以图像显示其结果。这不仅提高了流动显示数据处理的速度和精度，而且提高了显示图像的质量，把流动显示提高到了一个新的水平。

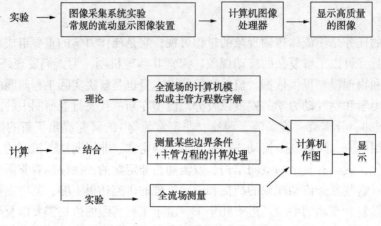

图 4-34　计算机辅助流动显示技术

近几十年来，我国在流动显示技术方面发展很快，对上述近代流动显示技术的研究与应用十分关注，已将片光流动显示技术、红外热像技术、计算机控制的流动彩色图像显示、光学层析技术等成功地用于风洞和水洞中的流动显示与测量。粒子图像测速(PIV)技术也迅速发展，得到了很大的应用。

4.6.3　现代流体显示的基本形式

传统的流体显示技术包括示踪粒子空间流动显示技术、表面流动显示技术、流动显示的化学方法等。近代流动显示技术，包括片光流动显示技术、红外热像技术、PIV技术、激光-超声流动显示技术、光学层流动显示技术等。这些技术大多是20世纪80年代初期以后发展起来的，以定量、瞬态、无接触、快速流动显示和测量为目标。其中大多数已经发展的比较成熟，达到了实用程度，但仍有少数处在预研阶段，如激光分子流动检测技术等。

4.6.3.1　常规流体显示技术

常规流动显示的方法如表4-8所示。这里就风洞和水洞测试中最常用的染色线流动显示技术、烟线流动显示技术和染色氢气泡流动显示技术做简单介绍。

表 4-8　常规的流动显示方法

方法	壁面显迹法	丝线法	示踪法			光学法
			直接注入	化学反应	电控	
类型	液体膜 升华 热敏涂层 电侵蚀 可溶性化学膜	表面丝线 丝网阵 荧光微丝	固体颗粒 液体 气体	化学 电解 光化学	氢气泡 火花 烟线	阴影 纹影 干涉 全息照相 气流双光折射 莫尔法 液晶

1. 基本原理

这三种显示技术的基本原理相似，均为在被测流场中设置若干点，在这些点上不断释放示踪粒子(染色线流动显示技术释放的为有色液体，烟线流动显示技术释放的为烟粒子，染色氢气泡显示技术释放的为染色氢气泡)，流经该点的所有流体微团都被染上色或混入示踪粒子。这些流体微团组成了可视的染色线，用于显示流动特性。

2. 实验装置及示踪粒子要求

这三种显示技术的实验装置都比较简单，即用导管或发生装置至于流场相应位置即可。对应的装置为注射管、涂油金属丝和电解电极，但对装置和示踪粒子有相应的要求：

① 导管或发生装置对流场的影响要尽量小；

② 示踪粒子所形成流线的扩散性和稳定性好，无毒；

③ 示踪粒子的密度应和流场介质相当；

④ 示踪粒子进入流场的速度与当地速度相当。

3. 技术应用

染色线流动显示技术和染色氢气泡显示技术多用于水洞和水槽，烟线流动显示技术多用于风洞。染色线流动显示技术可简便地显示涡旋的破裂位置，与片光结合可以清晰地显示空间断面状态。烟线流动显示技术广泛应用于边界层结构，分离流动和漩涡流动的机理研究中。氢气泡流动显示技术可以方便地对各种复杂流动进行定性的观察、定量的测量，也可用时间-脉线等方法测量流场速度。

4.6.3.2 现代流动显示技术

现代流动显示技术的特点是与计算机控制和图像处理相结合，有很多的形式：片光流动显示技术、粒子图像测速技术、红外热像技术、计算机控制的流场彩色图像显示、激光诱发荧光(LIF)流动显示技术、激光-超声测量技术、全息照相和全息干涉术、片光流动显示技术、激光分子流场检测技术、压敏涂层(PSP)技术等。这里主要就片光流动显示技术、粒子图像测速技术和激光-超声测量技术做简要介绍。

1. 片光流动显示技术

（1）基本原理

片光流动显示技术经过较长时间的应用与发展，出现了多种不同的形式，但其基本原理相同。

在某些流场中存在一些特定的区域，气流速与周围流场的流速有明显的差异，如果在该区域的上游投入示踪粒子，用一片强光照亮该区域和其周围流场的某个界面。当示踪粒子流过该截面时就被照亮，向四面八方散射光，示踪粒子通过片光照亮的截面时，速度较低的示踪粒子在片光中滞留的时间长，而速度高的示踪粒子在片光中滞留的时间短；因此在某个小的时间间隔内，片光界面的流场中速度较低的示踪粒子数量密度将大于速度较高的示踪粒子数量密度，散射的光较强，而后者散射的光较弱。这样，由流过片光截面的示踪粒子群体散射的光强差别显示出流场中某个截面的速度差异，这就是片光流动显示技术的原理。

（2）片光流动显示技术的形式

1）光学多片光显示

采用分光法(能量分割)，同时显示流场中的多个截面。

2）扫描片光流动显示

在传统的偏光输出处增加一个由转镜或其他方式构成的光扫描器，由扫描驱动器驱动使片光按某种方式扫描，构成扫描片光显示系统。它可以扫描流场中的各截面。

3) 复合片光流动显示

将 Mie 散射理论与片光技术结合，便得到了即可显示涡流场整体结构，又可显示某个界面细微结构的复合片光流动显示技术。

4) 微机控制的多片光流动显示

利用视觉暂留，提高扫描频率（>40Hz），实现阶梯扫描，得到高质量的多片光显示结果。

5) 光导纤维片光流动显示

片光出射位置可柔性变化，也可随模型一起移动，可与分速器集成，实现多片光显示。

（3）片光流动显示技术的应用

片光流动显示技术不但能显示涡流场的稳态过程的基本机构和布局细微结构，而且可以显示连续变化的动态过程。不但可以对涡流的产生、发展和破坏形态的全过程进行研究，而且可以估计各种探针对流场的干扰程度。

2. 粒子图像测速技术

粒子图像测速技术由固体力学散斑法发展起来，它突破了传统单点测量的限制，可瞬时无接触测量流场中一个截面的二维速度分布，具有较高的测量精度。

（1）基本原理

粒子图像测速的基本原理基于最直接的流体速度测量方法。在流场中散布示踪粒子，并用脉冲激光片光源入射到所测流场区域中，通过连续两次或多次曝光，粒子的图像被记录在底片上或 CCD 相机上。采用光学杨氏条纹法、自相关法或互相关法，逐点处理 PIV 底片或 CCD 相机记录的图像，获得流场速度分布。

根据离子浓度的大小，可有浓度很稀时的粒子跟踪测试技术，粒子浓度中等的粒子图像测速技术和离子浓度很高时的激光散斑测速技术。

（2）PIV 技术的基本构成与发展

作为最基本的二维 PIV 系统，其技术系统基本构成为：照亮系统的多次曝光光源（包括片光形成技术），粒子图像的记录装置，粒子图像处理判读方法和设备，作为示踪粒子的粒子发生和散布技术等。

（3）PIV 技术的应用

PIV 技术目前达到的综合测量水平，从总体上讲，测速范围已从每秒 0.1cm 到每秒几百米，可以在一个切面上测得瞬时的 3500~14400 个点速度向量，其精度约 1%。同时 PIV 速度场的测量技术，从早期的一个流动切面的顺势而为速度场测量，逐步发展了一个流动切面的瞬时二维速度场时间历程测量，一个流动空间的瞬时三维速度场机器时间历程测量，一个流动空间的瞬时三维速度场和时间历程测量等。

PIV 技术已日益广泛应用于非定常复杂流动研究中，解释了不少用传统测试技术和平均测量技术无法观测到的许多流动的瞬态结构现象。PIV 技术已在大型工业用风洞、水洞中广泛应用；特别在美国和德国，PIV 的应用不仅具有传统观测技术无法提供的新功能，而且大大提高了风洞的运行效率和经济性。

3. 激光-超声测量技术

传统的测量方法测量涡旋的破裂特性和稳定性时，涡旋对插入的探头非常敏感，非接触测量（LDV、PIV）虽克服了此缺陷，但由于涡核处粒子稀少，也使测量变得困难。激光-超声测量技术无需在流场中注入粒子，用超声脉冲中信号记录流场参数变化，因此可对涡旋流场中任何一点处的流动进行准确的瞬时定量测量，为研究涡旋流动的稳定性与破坏性提供有力的测量手段。

（1）基本原理

激光–超声测量技术建立在声–光干涉基础上，当超声波在流体中传播时，由于光弹效应使流体介质折射率发生固期性变化，形成超声光栅，激光束通过该光栅时发生衍射，使激光束方向发生偏转，产生激光偏移效应。用激光偏移来记录超声脉冲信号在流场中传递时间的变化，以此实现对流动速度、涡旋环量等参数的测量。

（2）激光–超声测量技术特点

首先，超声脉冲信号的强度很弱，不会对所测量的流动产生任何影响，可以实现真正的无干扰测量；其次，基于这个优势它可以测量定常和非定常流场，实现瞬时测量，并具有较高的测量精度的准度，测量时无需标定、校准；最后，由于以超声脉冲信号传播速度——声速为测量基础，因此，该技术适用于低流速的测量。

（3）在风洞中的应用

激光–超声测量技术在风洞多用于三角翼前沿涡测量和涵道风扇流场的测量，并表现出很高的测量精度和分辨力。

4.6.4　流动显示技术的发展趋势

1. 多种流动显示技术的综合使用

目前，可使用的流动显示方法很多，这些方法各有所长，又各有一定的使用条件和流速范围。在一个研究项目中往往把多种流动显示方法综合使用，互相补充，相互验证，以获得丰富、可信的复杂流动信息。例如，美国在航天飞机启动设计研究中，就用油流、升华、液晶、荧光微丝、红外热像等多种方法显示测量表面流动和热状态；而用烟流–片光、阴影、全息干涉等多种方法显示和测量空间流态。

2. 以瞬时、定量、三维流动显示为目标，发展多种新的流动显示技术

其中最引人注目的是 PSP、LIF 和 PIV 技术。PIV 技术已经达到使用阶段。它既能定性地显示流场，又能定量地测量速度、温度和密度等参数；既可用于低速流动，又可用于高速流动，是一种很有发展前途的流动显示技术。

近几年来发展起来的激光分子流场检测技术方兴未艾，它是通过流场中分子与激光场的相互作用(散射、吸收、色斑、辐射、解离等)，利用光学效应和光学成像技术把流场参数转变为光学参数，通过光学处理获得流场信息。由于它一般不需要粒子，测量信息量大，精度高，因此受到重视。

3. 流动显示技术与计算机结合

包括用计算机对流动显示系统实施控制，用图像处理系统处理后得到图像，把二维图像进行三维重建，获得空间的流动结构和定量的结果，把用照相机或摄像机记录的图像用图像处理系统进行 A/U 转换和数据处理，最后以参数等值线或其他直观的形式显示在计算机屏幕上或用绘图仪绘出相应的图形。

4. 流动显示与计算流体力学(CFD)结合

用各种流动显示方法提供必要的边界条件和物理模型，例如，漩涡的位置，边界层转捩位置，分离点和分离区，激波位置等，以提高数值模拟精度，同时，数值计算的结果又有助

于对流动图像的分析。

4.7 热量测量技术

关于热量的测量，目前采用两种方法：

① 采用热阻式或辐射式热流计测量热流密度（即单位时间内通过单位面积的热量），得到一定面积的热量：

$$Q = F \cdot q$$

② 采用热量表，测量在一段时间内通过设备（用户）的流体输送的热量（比如：散热器的散热量）。为测量建筑物、管道或各种保温材料的传热量及物性参数，常需要测量通过这些物体的热流密度。目前多采用热阻式热流计来测量，热流计由热流传感器和显示仪表组成。

4.7.1 热阻式热流传感器

4.7.1.1 测量原理

根据傅里叶定律，当热流通过平板状的热流传感器时，传感器热阻层上产生温度梯度，可以得到对于一维稳定导热，通过热流传感器的热流密度为

$$q = -\lambda \frac{\Delta t}{\Delta x}$$

式中，λ、Δx 为已知量，只要测得 Δt，即可求得 q，单位：W/m^2。

采用热电偶测量温差，根据公式 $\Delta E = c' \Delta t$，测出热电偶回路热电势 ΔE，即可确定温差 Δt。式中，c' 表示热电偶系数。

带入热流密度公式，有 $q = \frac{\lambda \Delta E}{\delta c'} = C \Delta E$

其中 C 为热流计系数：当热流传感器有单位热电势输出时，垂直通过它的热流密度。

$$C = \frac{\lambda}{\delta c'}$$

C 下降，对于相同的热流量 q，ΔE 升高，灵敏度增加。

C 增加，对于相同的热流量 q，ΔE 减少，灵敏度下降。

可通过串联热电偶形成热电堆来提高热电偶系数 c'，进而降低 C，提高灵敏度。

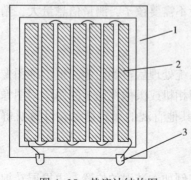

图4-35　热流计结构图
1—边框；2—热电堆片；3—接线片

热流计结构如图4-35所示：例如选一块厚度为1mm的环氧树脂玻璃纤维板，将中间挖空尺寸为100mm×100mm，挖下的这块剪成 10mm×100mm 的小条，作为热电堆基板，在这些热电堆基板上绕制热电堆，再用环氧树脂封于边框内，将热电堆串联起来，将两端头焊在接线片上，在平板的两个端面上贴上涤纶薄膜作为保护层。

热电势的测量早期采用电位差计、动圈式毫伏表以及数字式电压表进行测量，然后用标定曲线或经验公式计算出热流密度。目前应用的主要有两种：一种为指针式的热流指示仪表；一种为数字式的热流指示仪表。新

开发的数据采集、显示和计算功能分开的智能型热流计专用仪表开始应用。

埋入式测量过程是个稳定过程，而粘贴式测量要经过一个热量传递的过程才能稳定，有一定的响应时间，需稳定后才能读数。

4.7.1.2 热阻式热流计的安装方法

热流计的安装方法有三种：埋入式、表面粘贴式和空间辐射式（图4-36）。其中前两种为常用方法。安装测点位置应选在能反映被测对象平均热流密度的位置。如：圆形保温管道，应选在管道上部与水平夹角约45°和135°处。此处的热流密度大致等于其截面上的平均值。

安装时应避开温度异常点，应寸所测壁面紧密接触，不得有空隙并尽可能与所测壁面平齐。有条件时，应尽量采用埋入式安装。为此常采用胶液、石膏、黄油、凡士林等粘贴热流传感器。对于硅橡胶可挠式热流传感器，可以采用双面胶纸。

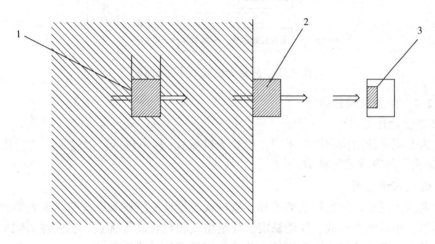

图4-36　热流计的安装方法示意图

1—埋入式；2—表面粘贴式；3—空间辐射式

4.7.1.3 使用误差分析

（1）热流传感器的热阻的影响

① 破坏原有热阻层的传热状态，改变原有热阻层的热阻值。其主要原因是导热系数不一致及被测热阻层厚度有所改变。

② 改变了原有热传递情况（原有的等温面发生了扭曲）（可用一维传热来近似估计误差）。

③ 粘结剂等材料增加了接触热阻，影响热阻层原有的传热情况。

（2）热流传感器的响应时间

埋入式测量过程是个稳定过程，而粘贴式测量要经过一个热量传递的过程才能稳定，有一定的响应时间，需稳定后才能读数。

（3）对流和辐射引起的误差

根据公式可知对流换热系数 α 的变化会引起一定的误差。但对流换热热阻远小于保温层热阻，因而误差很小。

辐射的影响：是因为热流传感器与被测表面辐射系数存在差别，由外界辐射变化对测量所造成的影响。在测试外保温设备热流密度时阳光的辐射也会引起误差。

4.7.2 热量表

4.7.2.1 热量表的基本结构

一个完整的热量表由以下三个部分组成：流量计，用以测量经热交换的热水流量；一对温度传感器，分别测量供暖进水和回水温度；积分仪，根据与其相连的流量计和温度传感器提供的流量和温度数据，通过热力学公式可计算出用户从热交换系统获得的热量(图4-37)。其中用于空调系统的热量表也称为：(冷)热量表，可以在冬季供暖季节计量热量，也可以在夏季计量制冷量。

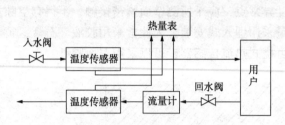

图4-37 热量表热量计量系统原理图

4.7.2.2 热量表的分类

1. 按流量计种类划分

按照热表流量计结构和原理不同，可分为机械式(其中包括：涡轮式、孔板式、涡街式等)、电磁式、超声波式等种类。

(1) 机械式热量表

采用机械式流量计的热量表的统称。机械式流量计的结构和原理与热水表类似，具有制造工艺简单、相对成本较低、性能稳定、计量精度相对较高等优点。目前在 DN25 以下的户用热量表当中，无论是国内还是国外，几乎全部采用机械式流量计。

由于机械式热表因其经济、维修方便和对工作条件的要求相对不高，在热水管网的热计量中又占据主导地位。

机械式流量计通过叶轮的机械转动来计量流量，它的外部是铜制的壳体，液体进入壳体后，推动叶轮转动，形成计量。同时，叶轮的转动情况通过不同的传感方式，向积算器输出电子信号。机械式流量计又因为具体的结构差异，可向下细分为如下几种：

1) 单流束流量计

其结构特点是水流进入壳体后，只成一束沿固定的方向从叶轮一侧冲击叶轮并形成叶轮的转动。根据叶轮与齿轮组的传动方式的不同，这样的流量计又分为：

① 干式单流束流量：叶轮的转动情况经过叶轮上的磁环，通过磁力耦合的方式带动齿轮组来传输流量信号，这种结构特点是计量的液体被隔离在叶轮以下部分，与齿轮组及指针是分开的。

② 湿式单流束流量：叶轮的转动情况经过叶轮上的齿轮直接带动一套齿轮组来传输流量信号，这种结构的特点是计量液体浸没所有叶轮、齿轮组及指针。

2) 多流束流量计

它的结构特点是水流进入壳体后，先由叶轮盒将水流分成多束并形成旋转，再均匀地推动叶轮形成转动，而其他方面与单流束流量计相同。多流束流量计也可向下细分为：

① 干式多流束流量计：叶轮的转动情况通过磁环耦合到齿轮组，并由指针向外输出。

② 湿式多流束流量计：叶轮的转动情况通过齿轮直接传动到齿轮组，并由指针向外输出流量信号。

3）标准机芯式（电子式）流量计

它的结构特点是壳体中只有叶轮部分，而没有齿轮组。叶轮上有一个特殊的半金属片，叶轮的转动情况是直接向积算器输出而省去了齿轮组部分。根据水流束的不同，电子式流量计也分为多流束和单流束两种。

4）沃特曼式流量计

特点是采用特殊的计量元件与腔体，目前只有在大口径热量表中有少量应用。

（2）超声波式热量表

采用超声波式流量计的热量表的统称。它是利用超声波在流动的流体中传播时，顺水流传播速度与逆水流传播速度差计算流体的流速，从而计算出流体流量。对介质无特殊要求；流量测量的准确度不受被测流体温度、压力、密度等参数的影响。一般 DN40 以上的热量表多采用这种流量计。具有压损小、不易堵塞、精度高等特点。

（3）电磁式热量表

采用电磁式流量计的热量表的统称。由于成本极高，需要外加电源等原因，所以很少有热量表采用这种流量计。

2. 按技术结构划分

根据热量表总体结构与设计原理的不同，热量表可分为以下三类。

（1）整体式热量表

指热量表的三个组成部分中（积算器、流量计、温度传感器），有两个以上的部分在理论上（而不是在形式上）是不可分割地结合在一起。比如，机械式热量表当中的标准机芯式（无磁电子式）热量表的积算器和流量计是不能任意互换的，检定时也只能对其进行整体检测。

（2）组合式热量表

组成热量表的三个部分可以分离开来，并在同型号的产品中可以互相替换，检定时可以对各部件进行分体检测。

（3）紧凑式热量表

在型式检定或出厂标定过程中可以看作组合式热量表，但在标定完成后，其组成部分必须按整体式热量表来处理。

3. 按使用功能划分

热量表按使用功能可分为：单用于采暖分户计量的热量表，和可用于空调系统的（冷）热量表。（冷）热量表与热量表在结构和原理上是一样的。主要区别在传感器的信号采集和运算方式上，也就是说，两种表的区别是程序软件的不同。

① （冷）热量表的冷热计量转换，是由程序软件完成的。当供水温度高于回水温度时，为供热状态，热量表计量的是供热量；当供水温度低于回水温度时，是制冷状态，热量表自动转换为计量制冷量。

② 由于空调系统的供回水设计温差和实际温差都很小，因此，（冷）热量表的程序采样和计算公式的参数也比单用途热表的区域大。

4. 按使用功率划分

（1）户用热量表

常用流量 $q_p \leqslant 2.5 \text{m}^3/\text{h}$，或口径 $DN \leqslant 25\text{mm}$。

（2）工业用热量表

常用流量 $q_p \leq 500m^3/h$，口径 $DN > 40mm$。

4.7.2.3 热量表的计量原理与算法

热量表的计量原理是采用焓差法和 K 系数法，前者是计算时间的积分，后者是计算流量的积分。这些公式的推导都是基于下面这样一个简单的热力学基本原理，即：定义1：1L纯净的水（比热容为1）温度每变化1℃，所吸收或放出的热量是1000cal（也就是1kcal，1kcal=4.1868kJ）。在热量表的实际应用中，考虑到导热介质水是流动的，并且在不同压力和温度下水的比热容也是变化的，所以在具体应用定义1时，就形成了两种常用的热量计算方法，它们是：

1. K 系数法公式

$$Q = \int_{\tau_0}^{\tau_1} K q_v \Delta t \mathrm{d}\tau \qquad (4-45)$$

式中　Q——吸收或放出的热量；

K——热系数，$J/℃ \cdot m^3$（随系统中压力的不同以及进回水的温度不同而变化）；

q_v——热量表测得的瞬时体积流量，m^3/h；

Δt——热交换系统的进回水温度差，℃。

热量表中，采用公式(4-45)计算热量的方法称为 K 系数法。需要注意的是，在同样的压力和进回水温度下，对应于流量计的不同安装位置（指安装在系统的进水端或回水端），所应该采用的 K 值是不同的，而且，一般国外的产品默认的安装位置是回水端，而国内的产品默认位置是进水端。

2. 焓差法公式

$$Q = \int_{\tau_0}^{\tau_1} \rho q_v \Delta h \mathrm{d}\tau \qquad (4-46)$$

式中　Q——吸收或放出的热量，J 或 W·h；

τ——时间，h；

q_v——热量表测得的体积流量，m^3/h；

ρ——热介质的密度，kg/m^3；

Δh——热交换系统出水口与入水口温度下水的焓差，J/kg。

采用公式(4-46)计算热量的方法称为焓差法。焓差法的特点是，不受安装位置的限制（同一块表安装在进水端或者回水端结果一样）。K 系数法的计算公式简单，易于掌握，计算精度较高，但数据处理量大，且仅适用于1.0MPa以下的热力系统。焓差法计算公式复杂，不好掌握，但数据处理量小，适用于1.0MPa以上2.5MPa以下的热力系统。由于单片机的存储空间有限，所以国内开发生产的热量表大多采用焓差法。

第5章 热工实验

5.1 流体力学实验

实验一 单相流体流动阻力实验

工程实际中常常需要计算流体在设备或管道中流动时所产生的阻力损失以确定输送流体所需的动力设备功率。流体流动阻力损失主要包括沿程摩擦阻力损失和局部阻力损失，计算沿程阻力损失时需要确定沿程摩擦阻力系数。本实验主要是测定单相流体在直管道流动时的摩擦阻力系数。

一、实验目的

(1) 了解直管摩擦阻力 h_f 和摩擦阻力系数 λ_f 的测定方法；

(2) 掌握 U 形管压差计和转子流量计的工作原理和测量方法；

(3) 掌握坐标系的选取原则和对数坐标系的使用方法。

二、实验内容

(1) 测定一定相对粗糙度 ε/d 下直管摩擦系数 λ_f 与雷诺准数 Re 的关系；

(2) 在对数坐标纸上绘制出 $\lambda_f\text{-}Re$ 的关系曲线。

三、实验原理与步骤

1. 实验原理

流体在管路中流动时，由于流体的黏性作用和涡流的存在，不可避免地消耗一定机械能，其在直管内消耗的机械能称为沿程阻力损失。沿程阻力的大小与管长 l、管径 d、流体流速 u 和管道摩擦系数 λ_f 有关，它们之间存在如下关系：

$$h_f=\frac{\Delta p_f}{\rho g}=\lambda_f \cdot \frac{l}{d} \cdot \frac{u^2}{2g} \tag{1}$$

$$\lambda_f=\frac{2d\Delta p_f}{\rho l u^2} \tag{2}$$

$$Re=\frac{\rho u d}{\mu} \tag{3}$$

直管摩擦系数 λ_f 与雷诺数 Re 之间有一定的关系，这个关系一般用曲线来表示。在实验装置中，直管段 l 和 d 都已固定。若水温一定，则水的密度 ρ 和黏度 μ 也是定值。所以本实验实质上是测定常温下直管段流体阻力 Δp_f 与流速 u（流量 q_v）之间的关系。

单相流体阻力实验测定装置流程图如图 1 所示。水泵 7 将储水槽 4 中的水抽出，送入实验系统，经玻璃转子流量计 1 测量流量，然后送入被测直管段 3 测量流体流动的阻力，经回流管流回储水槽 4。被测直管段 3 流体流动阻力 Δp_f 可根据其数值大小分别采用变送器 12 以及空气-水倒置 U 形管来测量，即小流量下采用 U 形管压差计测量，大流量下采用压力变送器测量。

2. 实验步骤

（1）向储水槽内注蒸馏水，直到水满为止。

（2）启动电源开关(绿色按钮)。

（3）把 U 形管压差计上的三个流量调节阀关闭(顺时针关)。

（4）调解变频器的频率到 50Hz，按一下变频器的 run 按钮。

（5）检查导压系统内有无气泡存在。当流量为 0 时打开 U 形管下面两阀门，若空气–水倒置 U 形管内两液柱的高度差不为 0，则说明系统内有气泡存在，需赶净气泡方可测取数据。

赶气泡的方法：将流量调至较大，排出导压管内的气泡，直至排净为止。

（6）测取数据顺序可从大流量至小流量，反之也可，一般测 15～20 组数据，建议当流量读数小于 100L/h 时，只用空气–水倒置 U 形管测压差。

（7）待数据测量完毕，关闭流量调节阀，切断电源。

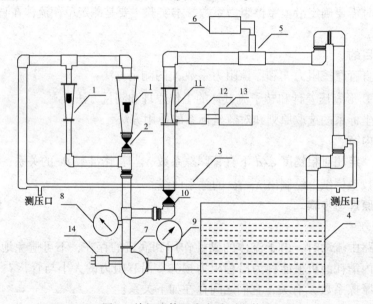

图 1　单相流体阻力实验测定装置

1—转子流量计；2—流量调节阀；3—直管阻力测量管；4—水箱；5—涡轮流量计；6—频率计；7—离心泵；
8—压力表；9—真空表；10—流量调节阀；11—文丘里流量计；12—压力变送器；13—显示仪；14—功率表

四、设备的主要技术数据

设备的主要技术参数见表 1。

表 1　设备技术参数

被测直管段	管径 d/m	0.00790	管长 l/m	1.600		
玻璃转子流量计	型号	LZB—25	测量范围/(L/h)	100～1000	精度	1.5
				10～100		2.5
压力变送器	型号	LXWY	测量范围/kPa	200		
数显表	型号	PD139	测量范围/kPa	0～200		
离心清水泵	型号	WB70/055	流量/(L/h)	20～200	扬程/m	19～13.5
	电机功率/W	550	电流/A	1.35	电压/V	380

94

五、实验注意事项

（1）利用压力变送器测大流量下 Δp_f 时，应切断空气-水倒置 U 形管的两阀门，否则影响测量数值。

（2）在实验过程中每调节一个流量之后应待流量和直管压降的数据稳定以后才可记录数据。

（3）若较长时间内不做实验，应放掉系统内及储水槽内的水。

六、数据处理及要求

1. 实验数据处理

实验过程中要求至少测量 15 组数据（流量及其对应的压差），按照公式（1）~（3）计算出相应的 u、Re 及 λ_f 值并将测量结果及计算结果填入表 2 中。注意小流量下采用 U 形管压差计测压，大流量下通过压差计直接获得压差。水的物性参数通过查阅物性参数表获得，特征温度取实验过程的平均温度。

表 2　实验数据表

序号	体积流量 q_v		压差 Δp_f		温度	流速 u	雷诺数 Re	摩擦阻力系数 λ_f
	L/h	mmH$_2$O	kPa		℃	m/s		
1								
2								
3								
...								

水的物性参数：密度 ρ =　　　　黏度 μ =

2. 数据要求

（1）以其中一组数据为例在实验报告中给出实验数据处理的具体过程。

（2）根据所学的实验测量知识，在实验报告中给出相关变量的不确定度。

七、思考题

（1）压差计读出的压强是相对压强还是绝对压强？

（2）如果所测直管为倾斜放置，会对实验结果有何影响？

（3）简述转子流量计的工作原理。

实验二　离心泵性能测定实验

泵的性能曲线是表示泵主要性能参数之间关系的曲线，需要通过实测获得。泵的性能曲线可以直观地反映一台泵的性能，是工程实际中泵的选型和使用的重要依据。它与管路特性曲线一起可以用来判断泵的实际工作点。

一、实验目的

（1）了解离心泵的工作原理；

（2）学会真空表和压力表的读数方法。

二、实验内容

（1）通过实验获得不同流量下离心泵的流量 q_v-扬程 H、流量 q_v-轴功率 N_{ax}、流量 q_v-效率 η 的关系；

（2）通过实验绘制出离心泵的性能曲线。

三、实验原理与步骤

1. 实验原理

实验设备流程如图 1 所示，水泵将储水槽中的水抽出，送入实验系统，经出口自动调节阀控制流量，流体经过输送管路至涡轮流量计计量流量，经回流管路流回储水槽后流体循环使用。

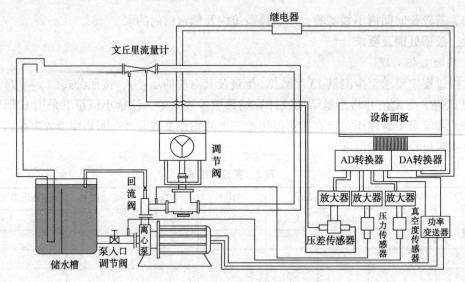

图 1 离心泵性能曲线测定实验装置图

以泵进、出口为截面列伯努利方程：

$$z_1 + \frac{p_1}{\rho g} + \frac{u_1^2}{2g} + H = z_2 + \frac{p_2}{\rho g} + \frac{u_2^2}{2g} + H_{f,1-2} \tag{1}$$

（1）泵的扬程：

$$H = \frac{(p_2 - p_1)}{\rho g} + \frac{u_2^2 - u_1^2}{2g} + (z_2 - z_1) + H_{f,1-2} \tag{2}$$

$H_{f,1-2}$ 为泵进出口管路产生的阻力（由于管路很短可忽略），则：

$$H = \frac{(p_2 - p_1)}{\rho g} + \frac{u_2^2 - u_1^2}{2g} + (z_2 - z_1) \tag{3}$$

式中 p_1、p_2——泵进、出口的压力，Pa；

      u_1、u_2——泵进、出口流速，m/s；

      g——重力加速度，m/s^2；

      ρ——流体密度，kg/m^3；

      $z_2 - z_1$——泵入口、出口测点的距离，$z_2 - z_1 = 0.18$m；

      d_1、d_2——泵入口管径、出口管径，$d_1 = d_2 = 0.05$m。

（2）泵的轴功率公式：

泵的轴功率是指单位时间内泵轴从电机得到的功

$$N_{ax} = N_m \cdot \eta_m$$

式中 N_m——电机输入功率，kW，

      η_m——电机效率，85%。

（3）泵的效率：

泵的效率定义为泵的有效功率 N_e 与轴功率 N_{ax} 的比值，有效功率 N_e 是指单位时间内流体流经泵时所获得的实际功。

$$N_e = \frac{H \cdot q_v \cdot g \cdot \rho}{1000} \tag{4}$$

$$\eta = \frac{N_e}{N_{ax}} \times 100\% \tag{5}$$

式中　q_v——体积流量，L/s。

（4）流量的测定：

实验中采用涡轮流量计测量液体的流量，测量时，从仪表显示仪上读取涡轮流量计的频率 f，液体体积流量的计算公式为：

$$q_v = f/\xi \tag{6}$$

式中　f——涡轮流量计的脉冲频率，Hz；

　　　ξ——涡轮流量计的流量系数，27.7 次/L。

（5）转速改变时的换算：

泵的特性曲线是在定转速下的实验测定所得，但实际上感应电动机的转矩改变时，其转速也会有变化，改变流量获得的多个实验点的转速存在差异，因此需要将实验数据转化为定转速下的值，取离心泵额定转速 2900r/min，换算公式为：

$$q'_v = q_v \frac{n'}{n}; \quad H' = H\left(\frac{n'}{n}\right)^2; \quad N'_{ax} = N_{ax}\left(\frac{n'}{n}\right)^3;$$

$$\eta' = \frac{H' \cdot q'_v \cdot g \cdot \rho}{N'_{ax} 1000} = \frac{H \cdot q_v \cdot g \cdot \rho}{N_{ax} 1000} = \eta \tag{7}$$

2. 实验步骤

（1）将储水槽内注入水，合上电源开关；

（2）将流量调节阀放在手动位置，将阀门关至零位；

（3）检查流量调节阀、压力表和真空表的开关是否关闭；

（4）启动离心泵，缓慢打开调节阀至全开，待系统稳定并且系统内没有气体后打开压力表和真空表的开关，可测量数据；

（5）测取数据的顺序可从最大流量至零，或反之，一般至少测 15 组；

（6）每次测量同时记录流量、压力表、真空表、功率表的读数及流体温度；

（7）实验结束，关闭调节阀，停泵，切断电源。

四、仪器的主要技术数据参数

仪器的主要技术数据参数见表 1。

表 1　仪器的主要技术数据参数

涡轮流量计	仪表常数	27.7 次/L	精度	0.5 级
功率表	型号	PS-139	精度	1.0 级
真空表	测量范围	-0.1~0MPa	精度	1.5 级
压力表	测量范围	0~0.25MPa	精度	1.5 级

五、实验注意事项

（1）装置应良好接地；

（2）启动离心泵前，关闭压力表和真空表的开关，以免损坏压力表；

（3）采用调节阀门开度来改变水的流量时，应按照开度指示均匀调整。

六、数据处理方法及要求

1. 数据处理方法

每一个流量下，需要记录的变量有：温度、涡轮流量计读数、出口压力表读数、入口真空表读数以及输入电机功率，根据测量数据按照式（1）~（7）进行计算得出流量 q_v、扬程 H、轴功率 N_{ax} 及效率 η，将测量结果和计算结果（至少 15 组数据）填入表 2 中。

表 2　离心泵性能曲线测试实验数据表

序号	温度/℃	电机输入功率/kW	泵入口真空表读数/Pa 或 MPa	泵出口压力表读数/MPa	流量计读数/Hz	流量 q_v/(L/s)	扬程 H/m	泵轴功率 N_{ax}/kW	泵效率 η
1									
⋮ ⋮									

2. 数据处理要求

（1）以其中一组数据为例在实验报告中给出实验数据处理的具体过程；

（2）根据所学的实验测量知识，在实验报告中给出相关变量的不确定度。

七、思考题

（1）为什么离心泵在启动前要关闭出口阀和电源开关？

（2）正常工作的离心泵在其进口管路上安装调节阀是否合理？

实验三　风机性能曲线实验

风机出厂前，应根据实验预先做出其特性曲线，以供用户选择风机时参考，通过性能曲线可以确定一定转速下风机的最佳运行工况。

一、实验目的

（1）熟悉风机性能测定装置的结构与基本原理；

（2）掌握利用实验装置测定风机特性的实验方法。

二、实验内容

（1）通过实验得出被测风机的气动性能（q_v-p，q_v-p_{st}，q_v-η，q_v-η_{st}，q_v-N 线）。

（2）将实验结果换算成指定条件下的风机参数。

三、实验原理及步骤

1. 实验原理

实验风机主要由测试管路、节流网、整流栅、数据采集装置、微型计算机系统、测试分析软件等组成。空气流过风管时，利用集流器和风管测出空气流量 q_v 和进入风机的静压 $p_{e,stl}$，整流栅主要作用是使流入风机的气流均匀分布。节流网对流量起调节作用，在此节流网上加铜丝网或均匀地加一些小纸片可以改变进入风机的空气流量。

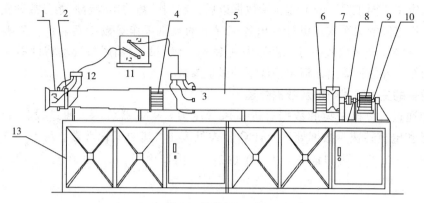

图 1　风机性能曲线测定装置图

1—集流器；2—节流网；3—测压管；4—整流栅；5—风管；6—接头；7—测试风机；
8—联接轴；9—测功电机；10—测矩力臂；11—斜管侧压板；12—连通管；13—支架

用测功电机来测定输入风机的力矩 M，同时测出电机转速 n，就可得出输入风机的轴功率 N。

2. 实验步骤

（1）斜管测压板的联接和调整。

将测集流器负压 Δp_n 的连通管测压口用橡胶管与斜管测压板上的测压玻璃管（$d=0.2m$）的测压口相联接，用医用注射器缓慢地将蒸馏水注入其储液罐内。然后捏紧、放开并抖动通向测压管的橡皮管，使管路里的空气排出，这样重复多次，直至玻璃管中的液面稳定不变为止。最后，旋动储液罐上的调节螺帽，用来调节储液罐内的液面高度，使测压玻璃管中的液面调整到零位上。

将测压进口压力 $p_{e,stl}$ 的连通管测压口用橡皮管与斜管测压板上的测压玻璃管（$d=0.5m$）的测压口相联接，用上述方法将蒸馏水注入相应的储液罐内，并将测压玻璃管的液面调整到零位上。

（2）将转速表调整至相应的转速挡。

（3）准备好用来调节流量的圆纸片（要求较厚的纸片），其直径以 20～25mm 为宜，数量应能满足全部封闭节流网。

（4）启动电机，使实验台运转。撤去电机的垫块，在测矩力臂的砝码盘上，加上相应的砝码，使力臂基本平衡。运转约 10min，待其基本稳定后，即可进行测试。

（5）进行第一工况（即全开工况）下的测试。记下斜管测压板两个测压管上的读数 Δp_n 和 $p_{e,stl}$；同时，测定电机转速 n 和记下测矩力臂上的平衡砝码的重量 G（全部砝码重量）。并记下测试环境的大气压力 p_a 和温度 t_a。

（6）在节流网上均匀对称地加上一定量的小圆纸片来调节不同的进风量，以改变风机工况。应注意：在大流量时，加纸片要迅速，以免当手伸进风管时，引起突然大面积堵塞，致使测压板的测压管中的蒸馏水被吸出玻璃管而进入橡胶管内。每调节一次风量，即改变一次工况（一般取 10 个工况，包括全开和全闭），每一工况下，进行一次全面的测试，即测量 Δp_n、$p_{e,stl}$ 和 G，以及大气压力和现场温度 p_a 和 t_a（如风机功耗小，实验场地宽广，大气压力和温度记录一次即可）。最后一个工况（即全闭工况）测试时，可用纸片或大张纸将节流网全部堵死，使 $\Delta p_n=0$。

（7）测定了不同工况下的上述实验数据以后，利用已知的实验台原始参数和实验环境参数，通过它们之间的关系式，可计算出各工况下的风机工作参数：流量 q_v、全压 p_0、风机静压 p_{st}、功率 N、全压内效率 η 和静压内效率 η_{st}，就可以绘出风机气动特性曲线和无因次参数特性曲线，并能换算出在指定条件下的风机参数。

四、设备的主要技术数据及数据处理

实验中通过计算机采集的数据有进口风管压力、集流器负压，通过设备显示屏读出平衡码重量和电机转速，数据处理及计算公式见表 1。其中风管常数：$l'/D_{lp}=3$；集流器流量系数：$\alpha_n=0.96$；进口面积：$A_1=0.062\text{m}^2$；出口面积：$A_2=0.045\text{m}^2$；集流器直径：$d_n=0.2\text{m}$。

表 1　风机性能曲线测量实验数据处理表

序号	名称	符号	单位	计算公式或来由	数值
1	进口风管压力	$p_{e,st1}$	Pa	测得（负值）	
2	集流器负压	Δp_n	Pa	测得（正值）	
3	平衡重量	G	N	测得	
4	转速	n	r/min	测得	
5	大气密度	ρ_a	kg/m³	$p_a/(RT_a)$	
6	进气压力	p_1	Pa	$p_a+p_{e,st1}$	
7	进气密度	ρ_1	kg/m³	$p_1/(R\cdot T_a)$	
8	流量	q_v	m³/min	$66.643\alpha_n d_n^2\sqrt{\rho_a\Delta p_n/\rho_1}$	
9	进口动压	p_{d1}	Pa	$\rho_1(q_v/A)^2/7200$	
10	进口静压	p_{st1}	Pa	$p_{e,st1}-p_{d1}(0.025*l'/D_{lp})$	
11.	出口动压	p_{d2}	Pa	$p_{d1}(A_1/A_2)^2$	
12	风机动压	p_d	Pa	p_{d2}	
13	风机静压	p_{st}	Pa	$-p_{st1}-p_{d1}$	
14	风机全压	p_o	Pa	$p_{st}+p_d$	
15	输入轴功率	N_{sh}	kW	$nL(G-\Delta G)/9550$	
16	全压内效率	η_{in}		$q_v p_o/(60000*N_{sh})$	
17	静压内效率	η_{stin}		$q_v p_{st}/(60000*N_{sh})$	

五、实验注意事项

（1）防止头发、衣带、围巾等卷入风机或电动机，一旦出现危及人身和设备安全的情况，要及时切断电源。

（2）实验前应检查测压管路有无漏气现象，保证无漏气。

（3）加入小纸片改变流量时应均匀加入，使流量逐渐减小直到为零。

100

六、思考题

（1）分析实验误差。

（2）什么叫风机动压、静压和全压，如何测量。

5.2　工程热力学实验

实验一　二氧化碳临界状态观测及 $p-v-t$ 关系测定

在维持恒温压缩、恒定质量气体的条件下，测量气体的压力和体积是实验测定气体 $p-v-t$ 关系的基本方法之一。1863 年，安德鲁通过实验观察二氧化碳的等温压缩过程，阐明了气体与液体互相转化的基本现象。通过本实验观察二氧化碳气液转换过程的状态变化，和经过临界状态时气液突变现象，测定等温线状态的参数。

一、实验目的

（1）了解 CO_2 临界状态的观测方法，增加对临界状态概念的感性认识；

（2）理解工质热力状态；

（3）掌握 CO_2 的 $p-v-t$ 关系的测定方法，学会用实验测定实际气体状态变化规律的方法和技巧；

（4）学会活塞式压力计、恒温器等热工仪器的正确使用方法。

二、实验内容

（1）测定 CO_2 的 $p-v-t$ 关系。在 $p-v$ 坐标系中绘出低于临界温度（$t=20℃$）、临界温度（$t=31.1℃$）和高于临界温度（$t=50℃$）三种温度下的等温曲线，并与标准实验曲线及理论计算值相比较，分析其差异原因。

（2）测定 CO_2 在低于临界温度时（$t=25℃$，$t=27℃$），饱和温度和饱和压力之间的对应关系，并与标准 $t-p$ 曲线比较。

（3）测定临界状态：

① 观察临界状态附近气液两相模糊的现象；

② 气液整体相变现象；

③ 测定 CO_2 的 t_c，p_c，v_c 等临界参数，并将实验所得的 v 值与理想气体状态方程和范德瓦尔方程的理论值相比较，简述其差异原因。

三、实验设备及原理

整个实验装置由压力台、恒温器和实验台本体及其防护罩等三部分组成，如图 1、图 2 所示。对简单可压缩热力系统，当工质处于平衡状态时，其状态参数 p、v、t 之间有：

$$F(p,\ v,\ t)=0 \text{ 或 } t=f(p,\ v)$$

四、实验步骤

（1）按图 1 装好实验设备，并开启实验本体上的日光灯。

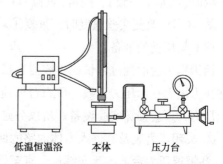

低温恒温浴　　本体　　压力台

图 1　CO_2 实验台系统图

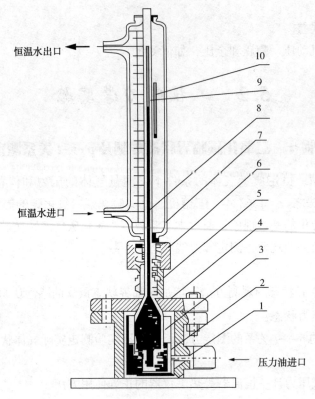

图2　实验台本体

1—高压容器；2—玻璃杯；3—压力油；4—水银；5—密封填料；6—填料压盖；7—恒温水套；
8—承压玻璃杯；9—CO_2 空间；10—精密温度计

（2）恒温器准备及温度调定：

① 将蒸馏水注入恒温器内，注至离盖 30~50mm。检查并接通电路，开动电动泵，使水循环对流。旋转电接点温度计顶端的帽形磁铁，调动凸轮示标，使凸轮上端面与所要调定的温度一致，再将帽形磁铁用横向螺钉锁紧，以防转动；视水温情况开、关加热器，当水温未达到要调定的温度时，恒温器指示灯是亮的，当指示灯时亮时灭闪动时，说明温度已经达到所需恒温。

② 观察玻璃水套上的温度计，若其读数与恒温器上的温度计及电接点温度计标定的温度一致时（或基本一致），则可（近似）认为承压玻璃管内的 CO_2 的温度处于所标定的温度。

③ 当需要改变实验温度时，重复①~②过程即可。

（3）加压前的准备：

因为压力台的油缸容量比主容器容量小，需要多次从油杯里抽油，再向主容器充油，才能在压力表上显示压力读数。压力台抽油，充油的操作过程非常重要，若操作失误，不但加不上压力，还会损坏实验设备。所以务必认真掌握，其步骤如下：

① 关闭压力表及其进入本体油路的两个阀门，开启压力台上油杯的进油阀。

② 摇退压力台上的活塞螺杆，直至螺杆全部退出，这时压力台油缸中抽满油。

③ 先关闭油杯进油阀，然后开启压力表和进入本体油路的两个阀门。

④ 摇进活塞螺杆，使本体充油，如此反复，直至压力表上有压力读数为止。

⑤ 再次检查油杯阀门是否关好，压力表及本体油路阀门是否开启。

⑥ 调定后，即可进行实验。

（4）做好实验的原始记录：

① 设备数据记录：

仪器、仪表名称、型号、规格、量程、精度。

② 常规数据记录：

室温、大气压、实验环境情况等。

③ 测定承压玻璃管内 CO_2 质面比常数 K 值。

由于充进承压玻璃管内的 CO_2 质量不便测量，而玻璃管内径或面积（A）又不易测准，因而实验中采用间接办法来确定 CO_2 的比容，认为 CO_2 的比容与其高度是一种线性关系，具体方法如下：

a）已知 CO_2 液体在 20℃，9.8MPa 时的比容 $v(20℃，9.8MPa)=0.00117m^3/kg$；

b）实际测定实验台在 20℃，9.8MPa 时的 CO_2 液柱高度 $\Delta h_0(m)$（注意玻璃水套上刻度的标记方法）；

c） $$v(20℃，9.8MPa)=\frac{\Delta h_0 A}{m}=0.00117(m^3/kg)$$

$$\frac{m}{A}=\frac{\Delta h_0}{0.00117}=K(kg/m^2)$$

式中　K——玻璃管内 CO_2 的质面比常数。

所以，任意温度、压力下 CO_2 的比容为

$$v=\frac{\Delta h}{mA}=\frac{\Delta h}{K}(m^3/kg)$$

式中　$\Delta h=h-h_0$，h——任意温度、压力下水银柱高度；

h_0——承重玻璃管内径顶端刻度。

（5）测定低于临界温度 $t=20℃$ 时的定温线：

① 恒温器调定在 $t=20℃$，并保持恒温；

② 压力从 4.41MPa 开始测定，当玻璃管内水银升起来后，应足够缓慢地摇进活塞螺杆，以保证定温条件，否则将来不及平衡，使读数不准；

③ 按照适当的压力间隔取 h 值（$h=0.2MPa$），直至压力 $p=9.8MPa$；

④ 注意加压后 CO_2 的变化，特别是注意饱和压力和饱和温度之间的对应关系；

⑤ 测定 $t=25℃$、$t=27℃$ 时其饱和温度和饱和压力的对应关系。

（6）测定临界等温线和临界参数，并观察临界现象：

① 按上述方法和步骤测出临界等温线，并在该曲线的拐点处找出临界压力 p_c 和临界比容 v_c，并将数据填入表1；

② 观察临界现象：

a）整体相变现象。

由于在临界点时，汽化潜热等于零，饱和汽线和饱和液线合于一点，所以这时汽液的相

互转变不是如同临界温度下时那样逐渐积累，需要一定的时间，即表现为渐变过程，而这时当压力稍有变化时，汽、液是以突变的形式相互转变。

b）汽、液两相模糊不清现象。

处于临界点的 CO_2 具有共同参数（p、v、t），因而不能区别此时 CO_2 是气态还是液态。如果说它是气体，那么，这个气体是接近液态的气体；如果说它是液体，那么，这个液体又是接近气态的液体。下面就用实验证明这个结论。因为这时是处于临界温度下，如果按等温线过程来进行，使 CO_2 压缩或膨胀，那么，管内是什么也看不到的。现在，按绝热过程来进行。首先在压力等于 7.6MPa 附近，突然降压，CO_2 状态点由等温线沿绝热线降到液区，管内 CO_2 出现了明显的液面。即如果这时管内的 CO_2 是气体，那么，这种气体离液区很接近，可以说是接近液体的气体；当工质在膨胀之后，突然压缩 CO_2 时，这个液面又立即消失了。这就告诉我们，这时 CO_2 液体离气区也非常接近的，可以说是接近气态的液体。既然此时的 CO_2 既接近气态，又接近液态，所以能处于临界点附近。可以这样说：临界状态究竟如何，就是饱和汽、液分不清。这就是临界点附近饱和汽、液模糊不清的现象。

（7）测定高于临界温度 $t = 50℃$ 时的等温线，将数据填入原始记录表 1。

五、实验结果处理及分析

（1）按表 1 的数据，在如图 3 的 p-v 坐标系中画出三条等温线。

（2）将实验测得的等温线与图 3 所示的标准等温线比较，并分析它们之间的差异及其原因。

（3）将实验测得的饱和温度与饱和压力的对应值与图 4 给出的 t_s-p_s 曲线相比较。

（4）将实验测得的临界比容 v_c 与理论计算值一并填入表 2，并分析它们之间的差异及其原因。

表 1 CO_2 等温实验原始记录

$t = 20℃$				$t = 31.1℃$（临界）				$t = 50℃$			
p/MPa	Δh	$v = \Delta h/K$	现象	p/MPa	Δh	$v = \Delta h/K$	现象	p/MPa	Δh	$v = \Delta h/K$	现象
进行等温线实验所需时间											
			min				min				min

表 2 临界比容 v_c m^3/kg

标准值	实验值	$v_c = \dfrac{RT_c}{p_c}$	$v_c = \dfrac{3RT_c}{8p_c}$
0.00216			

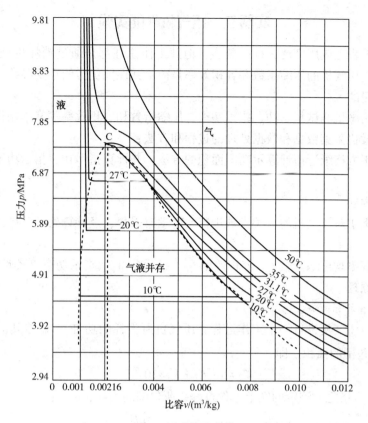

图 3　标准等温曲线

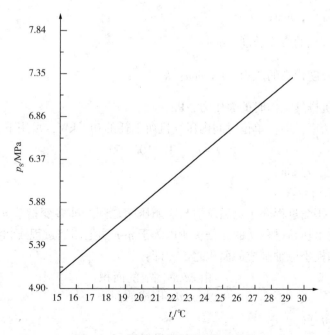

图 4　CO_2 饱和温度和压力关系曲线

实验二　压气机性能实验

压气机在工程上应用广泛，种类繁多，但其工作原理都是通过消耗机械能（或电能）而获得压缩气体，压气机的压缩指数和容积效率是衡量其性能优劣的重要参数。

一、实验目的

（1）掌握用微机测试指示功、指示功率、压缩指数和容积效率等基本操作和测试方法；

（2）了解微机采集数据和数据处理的过程和方法；

（3）掌握用方格纸近似计算示功图面积的方法，并计算指示功、指示功率、压缩指数和容积效率。

二、实验内容

（1）利用微机对压气机的有关参数进行实时动态采集，经计算处理，得到展开的和封闭的示功图；

（2）获得其平均压缩指数 n、容积效率 η_v、指示功 W_c、指示功率 P 等性能参数。

三、实验原理

1. 指示功和指示功率

指示功——压气机进行一个工作过程，压气机所消耗的功 W_c，显然其值就是 $p\text{-}v$ 图上过程线 $cdijc$ 所包围的面积，即

$$W_c = S \cdot K_1 \cdot K_2 \times 10^{-9}(J)$$

式中　S——从方格之上测定的图上工作过程线所包围的面积，mm^2；

K_1——单位长度代表的容积，mm^2/mm，$K_1 = \dfrac{\pi L D^2}{4\ \overline{gb}}$；

L——活塞行程，mm；

$\overline{gb}$——活塞行程的线段长度，mm；

K_2——单位长度代表的压力，Pa/mm；$K_2 = \dfrac{p_2}{\overline{fe}}$；

p_2——压气机排气工作时的表压力，Pa；

P——指示功率，即：单位时间内压气机所消耗的功，kW，可用下式表示：

$$P = n_r \cdot W_c \times 10^{-3}/60$$

式中　n_r——转速，r/min。

2. 平均多变压缩指数

压气机的实际压缩过程介于定温压缩与定熵压缩之间。即多变指数 n 的范围为 $1 < n < k$，因为多变过程的技术功是过程功的 n 倍，所以等于 $p\text{-}v$ 图上压缩过程线和纵坐标轴围成的面积与压缩过程线和横坐标轴围成的面积之比，即：

$$n = \frac{\text{由 } cdefc \text{ 围成的面积}}{\text{由 } cdabc \text{ 围成的面积}}$$

3. 容积效率（η_v）：

$$\eta_v = \frac{\text{有效吸气容积}}{\text{活塞位移容积}}$$

在 $p\text{-}v$ 示功图上，有效吸气过程线长度与活塞行程线段长度之比等于容积效率，即：

106

$$\eta_{\mathrm{v}} = \frac{\overline{hb}}{\overline{gb}}$$

四、实验装置及测量系统

本实验装置主要有压气机和与其配套的电动机以及测试系统，见图1。为获得反映压气机性能的示功图，在压气机气缸上安装一个应变式压力传感器，做实验时输出气缸内的瞬态压力信号。该信号经桥式整流以后送至动态应变仪放大，对应着活塞上止点的位置，在飞轮外侧粘贴着一块磁条，从电磁传感器上取得活塞上止点的脉冲信号，作为控制采集压力的起止信号，以实现压力和曲柄转角信号的同步。

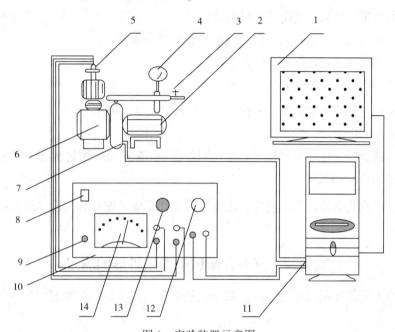

图 1   实验装置示意图

1—计算机；2—电机；3—排气阀；4—压力表；5—应变式压力传感器；6—压气机；7—电磁传感器；
8—电源指示灯；9—电源开关；10—电阻应变放大器；11—A/D板；12—增益旋钮；13—调零旋钮；14—指针式电压表

这两路信号经放大器分别放大后送入 A/D 板转换为数量值，然后送到计算机，经计算处理便得到了压气机工作过程中的有关数据及封闭的示功图和展开的示功图，如图2和图3所示。

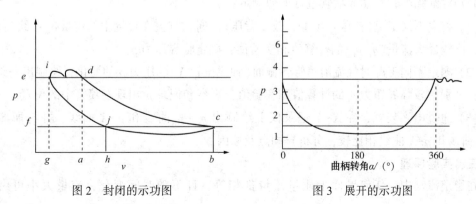

图 2   封闭的示功图   图 3   展开的示功图

五、实验步骤

1. 微机检测操作

（1）按图 1 连接所用测试仪器设备及电源；

（2）开启电阻应变放大器及计算机电源（仪器应预热 3min）；

（3）在电阻应变放大器调零旋钮上进行调零；

（4）根据计算机显示，进行人机对话操作；

（5）在准备就绪后，接通压气机电源，进入测试工作状态，并记录其出口端上压力表数据；

（6）数据采集完毕后，关闭压气机电源；

（7）记录指示功、指示功率、多变指数、容积效率等参数；

（8）将示功图通过打印机打印供人工计算。

2. 人工手算操作（参看面积仪的使用）

（1）用直尺测定计算示功图的面积 $cdefc$ 以及线段 $\overline{gb}$ 与 $\overline{fe}$ 的长度。

（2）人工计算指示功、指示功率。

（3）分别测量压缩过程线与横坐标轴包围的面积 $cdabc$ 及压缩过程线与纵坐标轴包围的面积 $cdefc$，求出多变指数 n。

（4）用直尺测量出反映有效吸气线段 $\overline{hb}$ 的长度和反应活塞行程线段 $\overline{gb}$ 的长度，求出容积效率 η_v。

实验三　空气在喷管中流动性能的测定

喷管是热工设备常用的重要部件，相关设备工作性能的好坏与喷管中气体的流动性能密切相关。

一、实验目的

（1）巩固和验证有关喷管基本理论；

（2）熟悉不同形式喷管的机理；

（3）掌握气流在喷管中流速、流量、压力变化的规律及有关测试方法。

二、实验内容

分别对渐缩喷管和缩放喷管进行下列测定：

（1）测定不同工况（初压 p_1 不变，改变背压 p_b）时，气流在喷管中的流量 q_m；绘制 q_m-p_b 曲线；比较最大流量 $(q_m)_{max}$ 的计算值和实验值；确定临界压力 p_c。

（2）测定不同工况时气流沿喷管各截面（轴线位置 X）的压力 p 的变化；绘制出一组 p-X 曲线；分别比较临界压力 p_c 的计算值和实验值；观察和记录 p_c 出现在喷管中的位置。

（3）通过电测装置，在 X-Y 记录仪上绘制出 q_m-p_b 曲线和 p-X 曲线，并与所测定的 q_m-p_b 曲线和 p-X 曲线相比较，分析异同点及原因。

三、实验原理

在稳定流动中，任何界面上质量流量都相等，且不随时间变化，流量大小可由下式决定：

$$q_m = \frac{A_2 C_2}{v_2} = A_2 \sqrt{\frac{2k}{k-1} \frac{p_1}{v_1} \left[\left(\frac{p_2}{p_1}\right)^{\frac{2}{k}} - \left(\frac{p_2}{p_1}\right)^{\frac{k+1}{k}} \right]}$$

式中　　k——比热容比(绝热指数, $k = c_p / c_v$);

　　　　A_2——出口截面积, m^2;

　　　　v——气体比体积, m^3/kg;

　　　　p——压力, Pa;

　　　　下标——1 指喷管入口, 2 指喷管出口。

若降低背压, 使渐缩喷管的喉部压力 p 降至临界压力时, 喷管中的流量最大值为:

$$(q_m)_{max} = A_{min} \sqrt{\frac{2k}{k+1} \left(\frac{2}{k+1}\right)^{\frac{2}{k-1}} \frac{p_1}{v_1}} = 0.685 = 0.0404 A_{min} p_1 \sqrt{\frac{1}{T_1}}$$

临界压力 p_c 的大小为:

$$p_c = \left(\frac{2}{k+1}\right)^{\frac{k}{k-1}} p_1 = 0.528 p_1$$

喷管中的流量 q_m 一旦达到最大值, 再降低到背压 p_b, 流量 q_m 保持不变, 流量 q_m 随背压 p_b 的变化关系如图 1 所示。

缩放喷管与渐缩喷管(图 2 和图 3)的不同点是, 其流量到达最大值时的最高背压 p_b 不再是临界压力 p_c, 而应是某一压力 p_f 仍为 p_d, 但随即在出口产生斜激波($p_b < p_c$ 或正激波 $p_b = p_c$), 使压力由 p_d 升高至 p_b, 当 $p_c < p_b \leqslant p_f$ 时正激波由管口移到了管内, p_b 越高, 越往前移。通过正激波压力跃升, 气流由超音速变为亚音速, 然后沿扩大段扩压减速流至出口, 压力等于背压 p_b, 对于上述诸工况, 喉部始终保持临界状态。

当 $p_b > p_f$ 时整个喷管内都是亚音速气流, 喉部不再是临界状态, 缩放喷管成为文德利管(渐缩管)。

注: p_f、p_d、p_c 请看图 4、图 5。

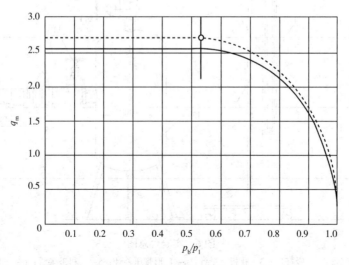

图 1　流量 q_m 随背压 p_b 的变化关系

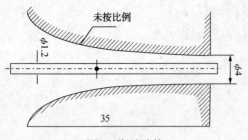

图 2　渐缩喷管

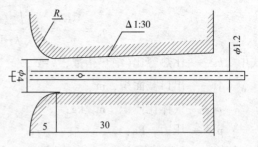

图 3　缩放喷管

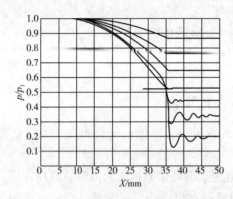

图 4　渐缩喷管压力曲线

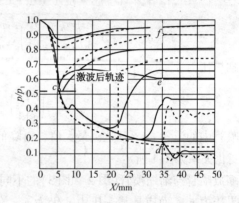

图 5　缩放喷管压力曲线

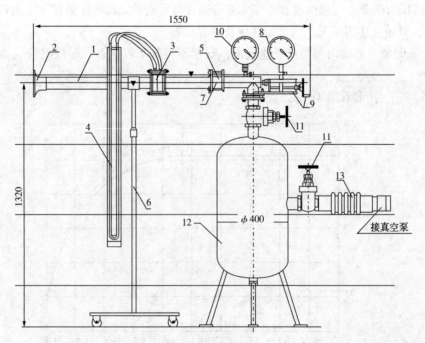

图 6　实验台总图

1—进气管；2—吸气口；3—孔板流量计；4—U 形管压差计；5—有机玻璃管；6—三轮支架；
7—测压探针；8—可移动标准真空表；9—手轮螺杆机构背压真空表；10—背压真空表；
11—背压调节阀；12—真空罐；13—软管

四、实验装置及步骤

1. 实验装置

实验装置如图6所示，空气自吸气口2进入进气管1，流过孔板流量计3，流量的大小可以从U形管压差计4读出，管5用有机玻璃制成，有渐缩和缩放两种形式，如图7、图8所示。根据实验要求，可松开夹持法兰上的螺栓，向左推开进气管的三轮支架6，变换所需的喷管。喷管各截面上的压力是由插入喷管内的测压探针7连至可移动标准真空表8测得，它们的移动通过手轮螺杆机构9实现。在喷管后的排气管上还装有背压真空表10、真空罐12，起稳定背压的作用，罐内的真空度通过背压调节阀11来调节，为减少振动，真空罐与真空泵之间用软管连接。真空泵是1401型，排气量为3200L/min。电测仪器包括：负压传感器、压差传感器、位移电位器、直流稳压电源、函数记录仪等。负压传感器、压差传感器、位移电位器分别将可移真空表、U形压差计、测压探针在该管内不同截面上的压力转换为电讯号输入记录仪，直接绘出实验曲线，以上电测仪器均有直流稳压电源供电。

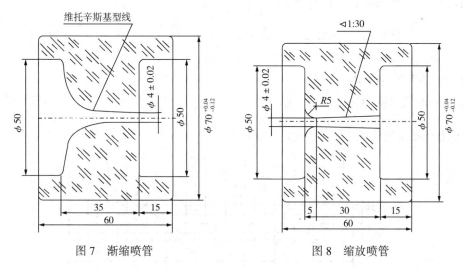

图7 渐缩喷管   图8 缩放喷管

2. 实验步骤

分别对渐缩喷管和缩放喷管进行如下相同步骤：

（1）装好喷管。

（2）对真空泵做开车检查（检查传动系统、油路、水路），检查无问题后打开背压调节阀，用手转动真空泵飞轮一周，去掉气缸中过量的油，开启电动机，当达到正常转速后可开始实验。

（3）将测压探针上的测压孔移至喷管出口之外一段距离之后，此时 $p_2 = p_b$，改变调节阀的开度，调节背压 p_b 自 p_1 开始逐渐降低，记录在不同 p_b 下的孔板压差 Δp 值，以备计算流量及绘制 $q_m - p_b$ 曲线，实验时注意记下 Δp 开始达到最大值的 p_b，以求得 p_c 及 p_f 值。

（4）调节不同的 p_b，摇动手轮，是 X 自喷管进口逐步移至出口外一段距离，记录不同的 X 值下的 p 值，以测定不同工况下的 $p - X$ 曲线。

（5）接通电测仪器，分别记录 $q_m - p_b$ 曲线和 $p - X$ 曲线。

（6）停车。

（7）认真做好原始记录。

设备数据记录：设备名称、型号、规格等；

常规数据记录：当地大气压力、室温、实验环境状况；

技术数据及绘制的图形等记入附表内。

五、实验数据整理

（1）因进气管中气流速度很低，在最大流量时，其数量级是 1m/s，所以可以近似认为初压 p_1 和初温 t_1 即是气流的总压和总温。初温 t_1 等于大气温度 t_0，初压 p_1 略低于大气压 p_0，可按 $p_1 = p_0 - 0.97\Delta p$ 计算。

（2）孔板流量计流量的计算公式为：

$$q_{\text{m}} = 1.373 \times 10^4 \sqrt{\Delta p \varepsilon \beta \gamma}$$

式中　ε——流速膨胀系数，$\varepsilon = 1 - 1.373 \times 10^{-4} \dfrac{\Delta p}{p_0}$；

β——气态修正系数，$\beta = 0.0538 \sqrt{\dfrac{p_0}{t_0 + 273.2}}$；

γ——几何修正系数（需标定，本实验条件下 $\gamma = 1$）；

Δp——U 形压差计读数，mmH_2O；

p_0——大气压力，Pa；

t_0——大气温度，℃。

图 9 为孔板流量计的 $\dfrac{q_{\text{m}}}{\varepsilon \beta \gamma}$-$\Delta p$ 的关系曲线 。

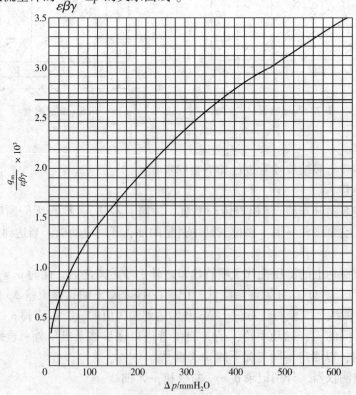

图 9　孔板流量计的 $\dfrac{q_{\text{m}}}{\varepsilon \beta \gamma}$-$\Delta p$ 的关系曲线

（$1\text{mmH}_2\text{O} = 9.80665\text{Pa}$）

112

六、思考题

（1）渐缩喷管的出口压力 p_2 能降到临界压力 p_c 以下吗？

（2）渐缩和缩放喷管的临界压力 p_c 各出现在何处位置？各截面的流量是否相同？

5.3　传热学实验

实验一　准稳态法测绝热材料的导热系数和比热容实验

工业生产中设备的良好绝热性可以大大减少能量的损失，提高生产效益。根据绝热理论和材料热损失性能研究制作的绝热材料有着广泛的应用，因而获得绝热材料的物性参数具有重要的实际意义。

一、实验目的

（1）巩固和深化非稳态导热过程的基本原理，学习用准稳态法测定绝热材料导热系数和比热容的实验方法和技能；

（2）掌握电偶的测量温度原理及测温方法；

（3）测定绝热材料的导热系数和比热容。

二、实验原理

本实验是根据第二类边界条件，无限大平板的导热问题设计的。设平板厚度为 2δ（图1）初始温度为 t_0，平板两面受恒定的热流密度 q_c 均匀加热。求任何瞬间平板厚度方向的温度分布 $t(x, \tau)$。根据导热微分方程式，初始条件和第二类边界条件如下：

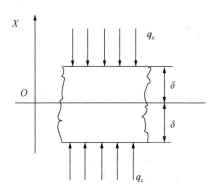

图1　无限大平板导热的物理模型

$$\frac{\partial t(x, \tau)}{\partial \tau} = a\frac{\partial^2 t(x, \tau)}{\partial x^2}$$

$$t(x, 0) = t_0$$

$$\frac{\partial t(0, t)}{\partial \tau} + \frac{q_c}{\lambda} = 0$$

$$\frac{\partial t(0, t)}{\partial x} = 0$$

解得：

$$t(x, \tau) - t_0 = \frac{q_c}{\lambda}\left\{\frac{\alpha\tau}{\delta} - \frac{\delta^2 - 3x^2}{6\delta} + \delta\sum_{n=1}^{\infty}(-1)^{n+1}\frac{2}{\mu_n^2}\cos\left[\mu_n\frac{x}{\delta}\exp(-\mu_n^2 Fo)\right]\right\} \quad (1)$$

式中　　τ——时间，s；

$\quad\quad q_c$——沿 x 方向从端面平板加热的恒定热流密度，W/m²；

$\quad\quad \lambda$——平板的导热系数，W/(m·K)；

$\quad\quad \alpha$——平板的导温系数，m²/s；

$\quad\quad \mu_n$——$n\pi$，$n = 1, 2, 3\cdots\cdots$；

$Fo = \alpha\tau/\delta$——傅里叶数；

113

t_0——初始温度。

随着时间 τ 的延长，Fo 数变大，式(1)中的级数和项数愈小。

当 $Fo > 0.5$ 后，级数和项变得很小可以忽略，式(1)变成：

$$t(x, \tau) - t_0 = \frac{q_c \delta}{\lambda} \left(\frac{\alpha \tau}{\delta^2} + \frac{x^2}{2\delta^2} - \frac{1}{6} \right) \tag{2}$$

由此可见，当 $Fo > 0.5$ 后，平板各处的温度和时间呈线性关系，温度随时间变化的速率是常数，并且到处相同，这种状态称为准稳性。在准稳态时，平板中心 $x = 0$ 处的温度：

$$t(x, \tau) - t_0 = \frac{q_c \delta}{\lambda} \left(\frac{\alpha \tau}{\delta^2} - \frac{1}{6} \right)$$

平板加热面在 $x = \delta$ 处为：

$$t(x, \tau) - t_0 = \frac{q_c \delta}{\lambda} \left(\frac{\alpha \tau}{\delta^2} + \frac{1}{3} \right)$$

此两面的温差为：

$$\Delta t = t(\delta, \tau) - t(0, \tau) = \frac{1}{2} \frac{q_c \delta}{\lambda} \tag{3}$$

如已知 q_c，δ，再测出 Δt，就可以由式(3)求出导热系数：

$$\lambda = \frac{q_c \delta}{2\Delta t} \tag{4}$$

实际上，无限大平板是无法实现的，实验总是用有限尺寸的试件。一般可认为，试件的横向尺寸是厚度的 6 倍以上，两侧散热对试件中心温度的影响可忽略不计，试件两端面中心处的温度差等于无限大平板时两端面的温度差。

根据热平衡原理，在准稳态时有下列关系：

$$q_c \cdot F = c \cdot \rho \cdot \delta \cdot F \cdot \frac{\mathrm{d}t}{\mathrm{d}\tau}$$

式中 F——试件的横截面积，m^2；

   c——比热容，$\mathrm{J/(kg \cdot ℃)}$；

   ρ——密度，$\mathrm{kg/m}^3$；

 $\mathrm{d}t/\mathrm{d}\tau$——准稳态时的温升速率，$\mathrm{t/s}$。

由上式可得：

$$c = \frac{q_c}{\rho \cdot \delta \cdot \mathrm{d}t/\mathrm{d}\tau} \tag{5}$$

用式(5)可求试件比热容，实验时 $\mathrm{d}t/\mathrm{d}\tau$ 以试件中心处为准。

三、实验装置

按上述理论模型设计的实验装置如图 2 所示，说明如下：

(1)试件：试件尺寸为 200mm×200mm×δ，共四块，尺寸完全相同，$\delta = 10 \sim 15$mm。每块上下面要平行，表面要平整。

(2)加热器：采用高电阻康铜箔平面加热器，康铜箔厚度仅 20μm，加上保护箔的绝缘薄膜，总共只有 70μm，电阻值稳定，在 0～100℃ 范围内不变。加热器面积和试件的相同，是 200mm×200mm 的正方形。两个加热器的电阻值应尽量相同，相差应在 0.1% 以内。

(3)绝缘层：用导热系数比试件小得多的材料作绝热层，力求减少通过它的热量，使试件1、4与绝热层的接触面接近绝热。这样，可假定式(4)中热量 q_c 等于加热器发出热量的 1/2。

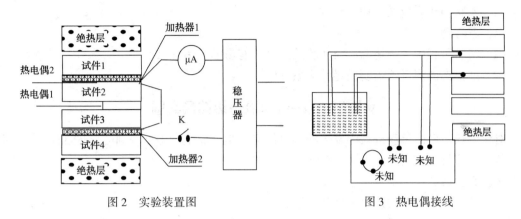

图2　实验装置图　　　　　图3　热电偶接线

实验时将4个试件整齐叠放在一起，分别在试件1和2及试件3和4之间放入加热器1和2，试件和加热器对齐。热电偶测温头要放在中心部位。放好绝热层后，适当加以压力以保持各试件之间接触良好。如图3所示。

四、实验步骤

(1) 被测试件的尺寸：面积 F，厚度 δ；

(2) 按图1、图2放好试件、加热器和热电偶，接好电源，接通稳压器，并预热10min，记下初始值(因为存在温度梯度，两块表的读数不同)；

(3) 稳定后，(调电压调节器)给试件加热，注意试件加热温度不能超过70℃左右(对应电压为70V左右)；

(4) 每隔1min记录一次两表的差值；

(5) 等到两块表的差值停留在一个值的情况下达到平衡(至少连续3组差值相同)，最好3组以上；

(6) 第一次实验结束，把电压表关闭，取下试件及加热器，用电风扇将加热器吹凉，待加热器温度和室温平衡后，才能继续做实验，试件不能连续做实验，必须经过4h以上的放置和室温平衡后才能做下一次实验。

五、实验数据记录

实验记录表如表1所示，实验过程中，加热器电阻(两加热器电阻的平均值) $R = 103\Omega$，试件截面尺寸 $F = 200mm \times 200mm = 4 \times 10^{-2} m^2$，试件厚度 $\delta = 1.3 \times 10^{-2} m$，试件材料密度 $\rho = 1165.046 kg/m^3$。

表1　实验数据记录

时间/min	温度值/℃		
0			
2			
4			
6			
…			

六、实验注意事项

（1）按要求选好通电电流值；

（2）实验停止后应及时切断电源。

七、思考题

（1）实验过程中，环境温度对实验结果是否有影响？为什么？

（2）准稳态的测量法需要满足什么条件？

实验二　气-汽对流传热综合实验

对流传热是流体流动进程中发生的热量传递，是工业生产中常遇到的传热现象。对流传热系数的计算具有重要的工程实际意义。

一、实验目的

（1）掌握实验数据的选取和处理方法；

（2）掌握对流传热系数 α 的测定方法，确定努塞尔数 $Nu=ARe^mPr^{0.4}$ 关联式中 A 和 m 值；

（3）掌握热电偶、热电阻温度计测温方法；

（4）掌握强化传热的基本原理和基本方式。

二、实验内容

（1）测定 8~10 个不同流速下普通套管换热器的对流传热系数 α，对 α 的实验数据进行线性回归，并求关联式 $Nu=ARe^mPr^{0.4}$ 中常数 A、m 的值。

（2）测定 8~10 个不同流速下强化管换热器的对流传热系数 α，对 α 的实验数据进行线性回归，求关联式 $Nu=BRe^mPr^{0.4}$ 中常数 B、m 的值，在同一流量下，按照普通管换热器所得准数关联式求得 Nu_0，计算强化传热比 Nu/Nu_0。

（3）在同一双对数坐标系中绘制 $Nu/Pr^{0.4} \sim Re$ 的关系图以及压降与流量的关系图。

三、实验原理

实验中的气-汽对流传热设备为套管换热器，换热器壳侧的介质为饱和水蒸气，加热换热器内管的空气。水蒸气和空气的传热过程由三个环节组成：水蒸气在内管外壁冷凝传热、管壁的导热以及管内空气的对流传热。实验中采用光滑套管换热器以及强化传热套管换热器两种类型换热器。采用在换热器内管插入螺旋线圈的强化传热方法。

1. 对流传热系数 α_i 的测定

在该传热实验中，空气走内管，蒸汽走外管。对流传热系数 α_i 可以根据牛顿冷却定律，用实验来测定：

$$\alpha_i = \frac{Q_i}{\Delta t_m S_i}$$

式中　α_i——管内流体对流传热系数，$W/(m^2 \cdot ℃)$；

　　　Q_i——管内传热速率，W；

　　　S_i——管内换热面积，m^2；

　　　Δt_m——内壁面与流体间的温差，$℃$，由下式确定：

$$\Delta t_m = t_w - \frac{(t_1+t_2)}{2}$$

式中　t_1，t_2——冷流体的入口、出口温度，$℃$；

116

t_w——壁面平均温度,℃。

因为换热器内管为紫铜管,其导热系数很大,且管壁很薄,故认为内壁温度、外壁温度和壁面平均温度近似相等,用 t_w 来表示。

管内换热面积:
$$S_i = \pi d_i L_i$$

式中 d_i——内管管内径,m;

L_i——传热管测量段的实际长度,m;

由热量衡算式:
$$Q_i = q_m c_p (t_1 - t_2)$$

其中质量流量由下式求得:
$$q_m = \frac{q_v \rho_m}{3600}$$

式中 q_v——冷流体在套管内的平均体积流量,m³/h;

c_p——冷流体的比定压热容,kJ/(kg·℃);

ρ_m——冷流体的密度,kg/m³;

c_p、ρ_m 可根据定性温度 t_m 查得,$t_m = \dfrac{t_1 + t_2}{2}$ 为冷流体进口平均温度;t_1、t_2、t_w、q_v 可采用测量手段获得。

2. 对流传热系数关联式的实验确定

流体在管内作强制湍流,被加热状态,准则关联式的形式为:
$$Nu = ARe^m Pr^{0.4}$$

式中:$Nu_i = \dfrac{\alpha_i d_i}{\lambda_i}$, $Re = \dfrac{u_m d_i \rho_m}{\mu_m}$, $Pr = \dfrac{c_p \mu_m}{\lambda}$。

经过计算可知,对于管内被加热空气,Pr 变化不大,可认为是常数,关联式简化为:
$$Nu = ARe^m Pr^{0.4}$$

通过实验确定不同流量下的 Re 与 Nu,然后在对数坐标系中用线性回归方法确定 A 和 m 的值。

空气流量的测量:
$$q_{vt} = C_0 A_0 \sqrt{\frac{2\Delta p}{\rho_{t1}}}$$

式中 C_0——孔板流量计系数,$C_0 = 0.65$;

A_0——孔的面积,m²;

Δp——孔板两端压差,kPa;

ρ_{t1}——空气入口温度下的密度,kg/m³。

由于换热器内温度的变化,传热管内的体积流量需要进行校正:
$$q_v = q_{vt} \frac{273 + t_m}{273 + t_1}$$

式中 q_v——传热管内平均体积流量,m³/h;

t_m——传热管内平均温度,℃。

3. 螺旋线圈结构

螺旋线圈的结构如图1所示,螺旋线圈由直径 3mm 以下的铜丝和钢丝按一定节距绕成。将金属螺旋线圈插入并固定在管内，即可构成一种强化传热管。在近壁区域，流体一面由于螺旋线圈的作用而发生旋转，一面还周期性地受到线圈的螺旋金属丝的扰动，因而可以使传热强化。由于绕制线圈的金属丝直径很细，流体旋流强度也较弱，所以阻力也较小，有利于节省能源。螺旋线圈是以线圈节距 H 与管内径 d 的比值技术参数，且长径比是影响传热效果和阻力系数的重要因素。依据 $Nu = B \cdot Re^m$ 的经验公式，其中 B 和 m 的值因螺旋丝尺寸不同而不同，采用线性回归方法确定 B 和 m 的值。

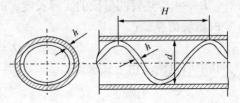

图 1　螺旋线圈及内部结构

单纯研究强化手段的强化效果(不考虑阻力的影响)，可以用强化比的概念作为评判准则，它的形式是：Nu/Nu_0，其中 Nu 是强化管的努塞尔准数，Nu_0 是普通管的努塞尔准数，显然，强化比 $Nu/Nu_0 > 1$，而且它的值越大，强化效果越好。

四、实验装置及流程

1. 传热管参数

传热管主要技术数据见表 1。

表 1　传热管主要技术数据

实验内管内径 d_i/mm		20.00
实验内管外径 d_o/mm		22.0
实验外管内径 D_i/mm		50
实验外管外径 D_o/mm		57.0
测量段(紫铜内管)长度 L/m		1.00
强化内管内插物(螺旋线圈)尺寸	丝径 d/mm	1
	节距 H/mm	40
加热釜	操作电压/V	≤200
	操作电流/A	≤10

2. 实验装置流程

实验仪表操作表见表 2。

表 2　仪表操作表

设备名称	温度计		毫伏表		压差计	
	转换开关	指示值	转换开关	指示值	转换开关	指示值
普通管	0	入口温度	0	壁温	0	流量
	1	出口温度			1	压降
强化管	2	入口温度	1	壁温	0	流量
	3	出口温度			2	压降
	4	釜温				

（1）实验装置如图 2 所示。

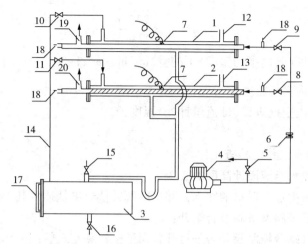

图 2　空气-水蒸气传热综合实验装置流程

1—普通套管换热器；2—内插有螺旋线圈的强化管换热器；3—蒸汽蒸发器；4—旋涡气泵；5—旁路调节阀；
6—孔板流量计；7—冷流体入口温度测试点；8、9—空气支路卡控制阀；10、11—蒸汽支路控制阀；
12、13—蒸汽放空管；14—蒸汽上升主管路；15—加水口；16—放水口；17—液位计；
18—热电阻温度计；19、20—空气出口

（2）传热设备流程简介。

如流程图 2 所示，本实验装置的主体由两根平行的套管换热器 1 和 2 组成，其中一条内管为光滑管，另一条在换热器内管插入螺旋线圈。

内管为紫铜材质，外管为不锈钢管，两端用不锈钢法兰固定。实验的蒸发釜 3 为电加热釜，内有 1 根 2.5kW 螺旋型电加热器，用200V 电压加热（可由固态调压器调节）。气源 4 选择 XGB-2 型旋涡气泵，使用旁路调节阀 5 调节流量。蒸汽、空气上升管路，使用球阀 8、9、10、11 分别控制气体进入整个套管换热器。

空气由旋涡气泵 4 吹出，由旁路调节阀 5 调节，经孔板流量计 6，由支路控制阀 8、9 选择不同的支路进入换热器排向大气。管程蒸汽由加热釜 3 发生后自然上升，经支路控制阀 10、11 选择逆流进入换热器壳程，由另一端蒸汽出口 12、13 自然喷出不凝气体，达到逆流换热的效果。冷凝液由排水口 7 回到锅炉循环使用。

（3）壁温测定。

空气入传热管测量段前的温度 t_1(℃)由电阻温度计测量，可由数字显示仪表直接读出。空气出传热管测量段前的温度 t_2(℃)由电阻温度计测量，可由数字显示仪表直接读出。管外壁面平均温度 t_w(℃)由数字毫伏计测出与其对应的热电势 E(mV)，热电偶由铜-康铜组成，由下面的公式计算得到：

$$t_w = 1.2705 + 23.518 \times E$$

空气流量通过孔板流量计测定：由孔板和压力传感器及数字显示仪表组成空气流量计。空气流量计由下面的公式计算得到：

$$q_{vt0} = 18.113 \times (\Delta p)^{0.6203}$$

式中　q_{vt0}——20℃下的体积流量，m^3/h；

　　　Δp——孔板两端压差，kPa。

要想得到实验条件下的空气流量 $q_v(\text{m}^3/\text{h})$ 则需按下式计算：

$$q_v = q_{v0} \times \frac{273 + \bar{t}}{273 + t_0}$$

式中　q_v——实验条件(管内平均温度)下的空气流量，m^3/h；

　　　$\bar{t}$——换热管内平均温度，℃；

　　　t_1——换热管内空气进口(即流量计处)温度，℃。

五、实验步骤

(1) 实验前的准备工作、检查工作：

① 向电加热釜加水至液面计高度的 2/3；

② 向冰水保温瓶中加入适量的冰水，并将冷端补偿热电偶插入其中；

③ 检查空气流量旁路调节阀是否全开；

④ 检查蒸汽管支路各控制阀是否已打开，保证蒸汽和空气管线的畅通；

⑤ 接通电源总闸，设定加热电压，启动电加热器开关，开始加热。

(2) 实验开始：

① 一段时间后水沸腾，蒸汽自行充入普通套管换热器外管，观察到蒸汽排出口有恒量蒸汽排出，标志着实验可以开始；

② 约加热 10min 后，可提前启动鼓风机，保证实验开始时空气入口温度 $t_1(℃)$ 比较稳定；

③ 调节空气流量旁路阀的开度，使压差计的读数为所需的空气流量值(当旁路阀全开时，通过传热管的空气流量为所需的最小值，全关时为最大值)；

④ 稳定 5~8min 左右可转动各仪表选择开关读取 t_1、t_2 和 E 值(注意：第 1 个数据点必须稳定足够的时间)；

⑤ 重复(3)与(4)共做 7~10 个空气流量值；

⑥ 最小、最大流量值一定要做；

⑦ 整个实验过程中，加热电压可以保持(调节)不变，也可随空气流量的变化作适当的调节。

(3) 转换支路，重复步骤(2)的内容，进行强化套管换热器的实验。测定 7~10 组实验数据。

(4) 实验结束。

① 关闭加热器开关；

② 过 5min 后关闭鼓风机，并将旁路阀全开；

③ 切断总电源；

④ 若需几天后再做实验，则应将电加热釜和冰水保温瓶中的水放干净。

六、注意事项

(1) 由于采用热电偶测温，所以实验前要检查冰桶中是否有冰水混合物共存。检查热电偶的冷端，是否全部浸没在冰水混合物中。

(2) 检查蒸汽加热釜中的水位是否在正常范围内。特别是每个实验结束后，进行下一实验之前，如果发现水位过低，应及时补给水量。

(3) 必须保证蒸汽上升管线的畅通。即在给蒸汽加热釜电压之前，两蒸汽支路控制阀之一必须全开。在转换支路时，应先开启需要的支路阀，再关闭另一侧，且开启和关闭控制阀必须缓慢，防止管线截断或蒸汽压力过大突然喷出。

（4）必须保证空气管线的畅通。即在接通风机电源之前，两个空气支路控制阀之一和旁路调节阀必须全开。在转换支路时，应先关闭风机电源，然后开启和关闭控制阀。

（5）调节流量计，应至少稳定 5~10min，再读取实验数据。

（6）实验中为了保持上升蒸汽量的稳定，不应改变加热电压，且保证蒸汽放空口一直有蒸汽放出。

（7）尽量避免在旁路阀全开的情况下启动鼓风机。

（8）电源线的相线，中线不能接错，实验架一定要接地。

（9）数字电压表及温度、压差的数字显示仪表的信号输入端不能"开路"。

七、数据处理

实验数据的计算过程简介（以普通管第一列数据为例）：

孔板流量计压差 $\Delta p = 0.19$ kPa、进口温度 $t_1 = 33℃$，出口温度 $t_2 = 74.60℃$，壁面温度 $100.75℃$，热电势 4.23 mV。

已知数据及有关常数：

（1）传热管内径 d_i（mm）及流通断面积 F（m²）：

$d_i = 20.0$ mm $= 0.0200$ m；

$A = \pi(d_i^2)/4 = 3.142×(0.0200)^2/4 = 0.0003142（m^2）$

（2）传热管有效长度 L（m）及传热面积 S_i（m²）：

$$L = 1.00m$$

$$S_i = \pi L d_i = 3.142×1.00×0.0200 = 0.06284（m^2）$$

（3）t_1（℃）为孔板处空气的温度，由此值查得空气的平均密度 ρ_{t1}，例如：

$$t_1 = 33℃，查得 \rho_{t1} = 1.153 kg/m^3$$

（4）传热管测量段上空气平均物性常数的确定。

先算出测量段上空气的定性温度 $\bar{t}$（℃），为简化计算，取 t 值为空气进口温度 t_1（℃）及出口温度 t_2（℃）的平均值，即 $\bar{t} = \dfrac{t_1+t_2}{2} = \dfrac{33+74.6}{2} = 53.80（℃）$

查得：测量段上空气的物性参数：

$\rho = 1.08 kg/m^3$；$c_p = 1005 J/(kg·K)$；$\lambda = 0.0285 W/(m·K)$；$\mu = 0.0000198 Pa·s$

传热管测量段上空气的平均普兰特准数的 0.4 次方为：

$$Pr^{0.4} = 0.696^{0.4} = 0.865$$

（5）空气流过测量段上平均体积 V（m³/h）的计算：

$$V_{t0} = 20.034×(\Delta p)^{0.5} = 20.034×(0.19)^{0.5} = 8.96（m^3/h）$$

$$V = V_{t0}×\frac{273+\bar{t}}{273+t_1} = 8.96×\frac{273+53.8}{273+20} = 9.99（m^3/h）$$

（6）冷热流体间的平均温度差 Δt_m（℃）的计算：

$$\Delta t_m = T_w - \frac{(t_1)+(t_2)}{2} = 100.75 - 53.80 = 46.96（℃）$$

（7）其余计算：

传热速率：

$$Q=\frac{(V\times\rho_{\bar t}\times c_{p_{\bar t}}\times\Delta t)}{3600}=\frac{8.96\times1.153\times1005\times46.96}{3600}=120(\text{W})$$

$$\alpha_i=Q/(\Delta t_m\times S_i)=120/(46.96\times0.06284)=41[\text{W}/(\text{m}^2\cdot\text{℃})]$$

传热准数：

$$Nu=\alpha_i\times d_i/\lambda=42\times0.0200/0.0284=29$$

测量段上空气的平均流速：

$$u=V/(F\times3600)=9.99/(0.0003142\times3600)=8.84(\text{m/s})$$

雷诺准数：

$$Re=d_i\times\bar u\rho/\mu=0.0200\times8.84\times1.08/0.0000198=9682$$

（8）作图、回归得到准数关联式 $Nu=ARe^mPr^{0.4}$ 中的系数。

（9）重复（1）~（8）步，处理强化管的实验数据。作图、回归得到准数关联式中的系数。

八、报告内容

（1）普通管原始数据表、数据结果表（换热量、传热系数、各准数及重要的中间计算结果）、准数关联式的回归过程、结果与具体的回归方差分析，并以其中一组数据的计算举例。

（2）强化管原始数据表、数据整理表（换热量、传热系数、Nu/Nu_0 和强化比，还包括重要的中间计算结果）、准数关联式的回归结果。

（3）在同一双对数坐标系中绘制普通管和强化管的 $Nu\sim Re$ 关系图，另在同一双对数坐标系中绘制 $\Delta p\sim q_v$ 的关系图。

（4）对实验结果进行分析和讨论。

九、思考题

（1）说明强化管强化传热的原因。

（2）若管内空气流动速度增大，换热系数 α 将如何变化？说明原因。

5.4 燃料燃烧实验

实验一 煤的工业分析实验

煤是主要的工业燃料之一，了解煤的质量和种类，对于合理利用和选择燃料、节约能源是十分重要的。煤的工业分析与元素分析不同，它不需要复杂的设备，在一般的实验室中均可进行。因此掌握煤的工业分析的方法，在煤的工业应用中有着普遍意义。

一、实验目的

（1）掌握煤的工业分析方法，并由此了解判别煤的种类和质量的方法。

（2）了解煤工业分析的原理、方法、步骤和使用的仪器、设备等知识。

（3）掌握煤的工业分析方法与原理。

二、实验原理

煤在加热到一定温度时，首先水分被蒸发出来；继续加热时，煤中 C、H、O、N、S 等元素所组成的有机质、无机质分解产生气体挥发出来，这些气体称为挥发分；挥发分析出后，剩下的是焦渣，焦渣就是炭和灰分。煤的工业分析就是在明确规定的实验条件下（GB/T212—2008《煤的工业分析方法》）测定煤中水分、灰分、挥发分质量分数，煤中固定炭的质量分数是以 100 减去水分、灰分、挥发分质量分数而计算得出的。煤的工业分析主要是采用干燥和加热等办法。

煤的试样需按规定的取样方法取得，然后在空气中风干粉碎，粉碎后的粒度应通过 60 网目的筛孔。

三、实验设备

(1) 带盖坩埚 2 个，其直径为 40mm，高 25mm；

(2) 精度为 10^{-4}g 的分析天平一台；

(3) 玻璃干燥器一个，干燥剂为无水氯化钙或浓硫酸；

(4) 温度高于 110℃并带有调温装置的电烘箱一台；

(5) 能加热到 900℃以上并带有温度控制装置的马弗电炉一台。

四、实验内容及步骤

1. 水分的测定。

(1) 选好坩埚并用精度为 10^{-4}g 的分析天平称其质量。

(2) 将试样放入瓶中，摇动数次后再将试样取出 1g 左右，放入称量过的坩埚中，试样厚度不得超过 5mm，然后再称其质量。

(3) 轻轻摇平坩埚中之试样，打开坩埚盖子放入温度为 102~105℃的电烘箱中干燥；

(4) 试样在电烘箱中干燥 1h 后取出，并立即置于干燥器中冷却至室温，然后称其质量。

(5) 称重后，再放入电烘箱中干燥 0.5h，取出后重复步骤(4)，如果前后两次所称得的质量差小于 0.001g，则以最后一次称量结果为依据，求出试样的减少质量。若大于 0.001g 则还需重复步骤(4)。按下式求出水分的质量分数：

$$W = \frac{试样减少质量}{试样原质量} \times 100\%$$

(6) 实验同时做两次，其允许误差为 0.2。

2. 挥发分产率的测定

(1) 实验①中测得水分含量的坩埚盖好盖子，置于温度为 850℃±20℃的马弗电炉中加热 7min。坩埚取出后，在空气中冷却，冷却时间不超过 5min，然后放入干燥器中冷却至室温。

(2) 称其质量，求出试样减少的质量后按下式求得挥发分的质量分数：

$$V = \frac{试样减少质量}{试样原质量} \times 100\%$$

(3) 记录坩埚中残留焦炭的外部特征，确定煤的粘结性序数。

3. 灰分及固定炭的测定

(1) 将做完挥发分产率测定的坩埚打开盖子放入温度为 800℃±25℃的马弗电炉内灼烧 2h；

(2) 将坩埚有炉中取出在空气中冷却 5min 后再放入干燥器内冷却至室温，称出其质量，此质量为灰分的质量，并按下式算出灰分的质量分数：

$$A = \frac{灰分质量}{试样原质量} \times 100\%$$

(3) 若煤中含硫量不高而不需分析时，则固定炭的含量可由下式求出：

$$F = 100\% - (W+V+A)\%$$

五、实验结果和数据整理

(1) 将所得数据列入表 1 中。

(2) 根据所得数据对煤的质量给予应有的评定。

(3) 实验记录(表 1)。

表 1　实验记录表

序号	煤的种类	煤中水分含量 W	挥发分产率量 V	灰分量 A	固定炭含量 F

六、思考题

(1) 分析试样与炉前应用煤之间有哪些差别？

(2) 测定灰分时为什么不能把试样的灰皿一下子推入高温炉中？

实验二　燃料油黏度的测定

随着我国石油工业的发展，燃料油的应用日益广泛，因此了解燃料油的性质对于燃料油的选用、燃烧设备的选用以及组织燃烧都是十分重要的。

一、实验目的

(1) 掌握液体黏度的工业测定方法。

(2) 了解黏度计的测量原理。

二、实验内容及实验原理

1. 实验内容

测定燃料油的黏度，分析温度对黏度的影响。

2. 实验原理

黏度是表示流体质点之间摩擦力大小的一个物理指标，黏度大，即摩擦力大，其流动性小。根据牛顿黏度定律：

$$f = \mu A d_w / d_n$$

式中　f——内摩擦力；

　　　μ——黏性系数(黏度)；

　　　A——面积；

　d_w / d_n——速度梯度。

测定黏度的方法有很多，但多采用将油从细管流出，测定其流出速度的方法。在工业上常采用的方法是：在一定条件下，以一定容量的油，由细管流出时所需要的时间来表示其黏度。工业用黏度计的种类也很多，如恩格拉(Engler)黏度计、塞波尔(Saybolt)黏度计、雷德乌德(Redwood)黏度计等。

本实验采用恩格拉黏度计，测得的结果为恩格拉黏度(E)。同一黏度的液体用不同的黏度计测得的数值均不同，但互相可以换算。用恩格拉黏度计测定黏度的方法是：在实验的温度下测定 200mL 试样油流出小管所需之时间，该时间与在 20℃时 200mL 水流出所需之时间相除之商，即表示该燃料油在实验温度下的黏度，即：

$$E_t = \frac{t\text{℃时 } 200\text{mL 油的流出时间}}{20\text{℃时 } 200\text{mL 水的流出时间}}$$

式中　E_t——t℃时油的恩氏黏度。

一般 20℃时水的流出时间为 50~52s，实验时不进行这项测定，每台仪器都已测好水值标在上面。

三、实验设备

实验装置如图 1 所示。

四、实验步骤

（1）先将外锅中加入热浴之水（水面最低应比油面高 10mm）。然后把温控仪探头固定支架上，探头头部要插入水中。

（2）用木栓堵住内锅底部之小孔，然后往内锅中加入试样油，油面应达到带有尖端标志的高度，盖好内锅盖，插入温度计。

（3）可根据上述的理论和实际的经验，并根据下列实验结果分析设计实验的过程、加热温度及实验步骤的方式等，然后确定实验报告。

五、注意事项

（1）每种燃料油在一种温度下测定 3 次黏度，最后取平均值作为该温度下的黏度。

（2）每种燃料油必须至少测定出 3 个温度下的黏度值，否则无法正确画出温度与黏度的关系曲线图。

六、思考题

（1）分析实验中影响测量结果的人为因素有哪些？

（2）分析燃料油黏度与温度的关系及机理。

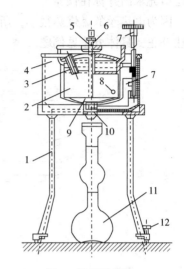

图 1　恩氏黏度计
1—铁三脚架；2—内容器；3—温度计插孔；
4—外容器；5—木塞插孔；6—木塞；
7—搅拌器；8—小尖钉；9—球面形底；
10—流出孔；11—接收瓶；12—水平调节螺钉

实验三　固体燃料发热量的测定

不同的工艺要求和热工设备，需选用不同发热量的燃料。对于高温设备应选用高热值的燃料，而低温设备，则选用低热设备，以达到经济省能的目的。因此必须了解燃料发热量的测定方法。

一、实验目的

（1）掌握可燃物发热量的测定方法；

（2）了解氧弹式热量计的测量原理。

二、实验内容

（1）测定煤的发热量；

（2）分析固体燃料发热量的影响因素及其测定的实验条件。

三、实验原理及装置

本实验采用的装置为氧弹式热量计，构造如图 1 所示，属于变温热量计的一种。其原理是将已知质量的燃料完全燃烧后所产生的热量，被一定量的水全部吸收，然后根据水温的升高算出燃料的发热值（kcal/kg）。但在计算时应考虑到：

（1）热量计本身所吸收的热量；

（2）电热丝发出的燃烧热；

（3）辐射损失的热量等。

因此所测得的固体燃料的发热值需要进行校正。热量计本身所吸收的热量，用水当量表示（即将热量计系统温度每升高1℃所需要的热量换算成水所需的热量来表示），求法是用已知发热量的苯甲酸，在热量计中燃烧，算出热量计系统的水当量。本实验所用热量计的水当量已事先求出并标在仪器上。

因为电热丝的燃烧热很小，所以本实验忽略不计。热量计的辐射损失，可用校正温度的方法补正，具体方法见例题。

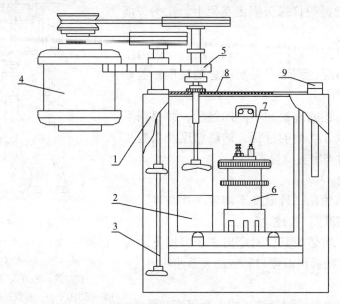

图1　热量仪的构造

1—外壳；2—量热容器；3—搅拌器；4—搅拌马达；5—绝热支柱；6—氧弹；7—点火导线（即电极）；8—盖子；9—测温探头

四、实验步骤

以煤为例：

（1）取粒度小于0.2mm的试样1g左右，用压膜机压成圆饼，电热丝同时压入饼中，两端露出饼外。将压成的圆饼放在天平上称重，以求得精确的质量（精确到0.0002g）。

（2）内外筒水温的调整：应根据室温和外筒水温来调整内筒水温，当使用水当量较大（如3000g左右）的热量计时，内筒水温应比外筒水温低0.7℃，当使用水当量较小（如2000g左右）的热量计时，内筒水温应比外筒水温低1℃左右。

（3）充氧气：

① 先在氧弹中加入10mL蒸馏水。

② 将已称好质量的试样饼放在坩埚中。

③ 坩埚固定在坩埚架上。

④ 将试样饼两端露出的电热丝分别固定在两个电极上。

⑤ 电热丝勿与坩埚壁接触（预先检查好）。

126

⑥ 然后将其放入氧弹内，将氧弹上的盖拧紧后即可充氧。

⑦ 充氧的方法是：首先将氧弹上的氧气入口与氧气减压器上的小管相接，用螺帽 5 旋紧，然后打开氧气瓶的开关，使氧气缓慢地充入，直到表 4 显示的压力为 20~25atm(1atm = 101325Pa) 为止。将氧弹取下，氧弹应不漏气。

(4) 氧气的氧弹放入内筒中，往内筒中加入蒸馏水 3000g(本实验因条件所限用自来水代替)，每次实验的用水量必须相同(校准到 0.5g)，如果以测量体积代替称重，必须按不同温度的水的相对密度加以校正。

(5) 将测温探头插入内筒，使其位于氧弹高度 1/2 处，开动搅拌器使容器中的水迅速混合，在 10min 内使内筒水温上升均匀。

(6) 用 SR- 2 数显热量计测量内筒水的温度变化，待温度上升均匀后，开始读取温度值，进行实验。

整个实验分为三个阶段：

① 初期：是试样燃烧前的阶段，观测和记录周围环境与热量计体系在实验开始温度下的热交换。先搅拌 5~10min，待温度上升均匀后开始记录 SR- 2 数显热量计上的温度值，每隔 1min 读取温度一次，共读取 6 次，得出 5 个温度差。

② 主期：燃烧定量试样，产生的热量传给热量计，使热量计装置的各部分温度达到均匀。

在初期最末一次读取温度值的瞬间，按下点火开关点火(点火电压应根据电热丝的粗细实验确定)。然后开始读取主期温度值，每隔 0.5min 读一次，直到温度不再上升而开始下降的第一次温度值为止，这个阶段为主期。

③ 末期：这一阶段观测在实验终了温度下的热交换关系；

在主期读取最后一次温度值以后，每 0.5min 读取温度值一次，共读 10 次作为实验的末期。

(7) 实验结束后，先取测温探头，然后从热量计中取出氧弹，缓缓打开放气阀将气体放尽，拧开弹盖，清理弹内。如果发现弹中有黑烟或者未燃尽的试样微粒，此实验应作废重作。

五、实验结果和数据整理

1. 发热量计算

$$Q = \frac{E\left[(T+h) - (T_0+h_0) + \Delta t \right] - gb - q}{G} \times 4.1868$$

式中 Q——燃料发热量，kJ/kg；

   E——热量计水当量，g；

   T——主期最终温度，℃；

   T_0——主期最初温度，℃；

   Δt——热量计热交换校正值，℃；

   gb——电热丝燃烧热(本实验忽略不计)；

   G——试料质量，g；

   h——温度为 T 时的对温度计刻度的校正(本实验 $h=0$)；

h_0——温度为 T_0 时的对温度计刻度的校正（本实验 $h_0 = 0$）；

q——为添加物（如包纸等）产生的总热量，J。

其中热量计热交换校正值 Δt，用奔特公式计算：

$$\Delta t = \frac{\Delta t_0 + \Delta t_1}{2} \times m + \Delta t_1 \times I$$

式中 Δt_0——初期温度变率；

Δt_1——末期温度变率；

m——在主期中每 0.5min 温度上升大于 0.3℃的间隔数，第一个间隔数不管温度上升多少都记在 m 中；

I——在主期每 0.5min 温度上升小于 0.3℃的间隔数。

2. 记录及计算示例

室内温度：22.3℃；外筒水温：22.5℃；内筒水温：21.8℃；内筒水重：3000g。

初期：

0—0.848；1 —…；2 —0.849；3 —…；4 —0.850；5 —…

6—0.851；7 —…；8 — 0852；9 —…；10 —0.853

$$V = (0.848 - 0.853) / 10$$

主期：

1—1.090；2 —1.930；3 —2.390；4 —2.610；5 —2.772；6 —2.782

7—2.817；8 —2.837；9 —2.849；10 —2.856；11 —2.860；12 —2.861；

13—2.862；14 —2.862；15 —2.861

$m = 3$；$I = 12$

末期：

1—2.860；2 —2.859；3 —2.858；4 —2.857；5 —2.856；6—2.855

7—2.854；8 —2.853；9 —2.852；10 —2.851

$$K = 3474g；\quad G = 1.1071g$$

$$V = (0.848 - 0.853) / 10 = -0.0005$$

$$V_1 = (2.861 - 2.851) / 10 = 0.001$$

$$\Delta t = (-0.0005 + 0.001) / 2 \times 3 + 0.001 \times 12 = 0.01275(℃)$$

$$Q = \frac{3474 \times (2.861 - 0.853 + 0.01275)}{1.1071} \times 4.1868 = 26632.2(kJ/kg)$$

六、思考题

（1）何谓发热值？何谓高发热值？本实验所测定的是高发热量还是低发热量？为什么？

（2）实验为什么分三个阶段？

（3）对实验结果进行误差分析。

5.5 热工自动调节实验

热工过程自动调节在热工控制领域占据着十分重要的地位，在热工生产过程中对安全经济运行具有十分重要的意义，因此，有必要通过实验掌握热工调节过程。

实验一 双容水箱控制系统实验

一、实验目的

（1）熟悉双容水箱的数学模型及其阶跃响应曲线。

（2）熟悉串级控制系统的结构与特点，掌握串级控制系统的投运与参数的整定方法。

（3）掌握双容液位定值控制系统采用不同控制方案的实现过程。

二、实验内容

（1）根据由实际测得双容液位的阶跃响应曲线，确定其传递函数。

（2）分析调节器相关参数的改变对系统动态性能的影响。

（3）分析 P、PI、PD 和 PID 四种调节器分别对液位系统的控制作用。

三、实验原理

本实验为水箱液位的串级控制系统，它是由主、副两个回路组成。每一个回路中都有一个属于自己的调节器和控制对象，即主回路中的调节器称主调节器，控制对象为下水箱，作为系统的被控对象，下水箱的液位为系统的主控制量。副回路中的调节器称副调节器，控制对象为中水箱，又称副对象，它输出的是一个辅助的控制变量。

本系统控制的目的不仅使系统的输出响应具有良好的动态性能，且在稳态时，系统的被控制量等于给定值，实现无差调节。当有扰动出现于副回路时，由于主对象的时间常数大于副对象的时间常数，因而当被控制量（下水箱的液位）未作出反应时，副回路已作出快速响应，及时地消除了扰动对被控制量的影响。此外，如果扰动作用于主对象，由于副回路的存在，使副对象的时间常数大大减小，从而加快了系统的响应速度，改善了动态性能。

四、实验内容及步骤

水箱液位串级控制：

（1）完成实验系统的接线。

（2）接通总电源和相关仪表的电源。

（3）打开图 1 中阀 F1-1、F1-2、F1-7、F1-10、F1-11，且使阀 F1-10 的开度略大于F1-11。

（4）按经验数据预先设置好副调节器的比例度。

（5）调节主调节器的比例度，使系统的输出响应出现 4∶1 的衰减度，记下此时的比例度 δ_S 和周期 T_S。据此，查得 PI 的参数对主调节器进行参数整定。

（6）手动操作主调节器的输出，以控制电动调节阀支路给中水箱送水的多少，等中、下水箱的液位相对稳定，且下水箱的液位趋于给定值时，把主调节器切换为自动。

（7）打开计算机，运行 MCGS 组态软件，并进行如下的实验：

① 当系统稳定运行后，突加阶跃扰动（将给定量增/减 5%~15%），观察并记录系统的输出响应曲线。

② 适量打开阀 F2-4，观察并记录阶跃扰动作用于副对象（中水箱）时，系统被控制量（下水箱液位）的响应过程。

③ 将阀 F2-4 关闭，去除副对象的阶跃扰动，且待系统再次稳定后，再适量打开阀 F2-5，观察并记录阶跃扰动作用于主对象时对系统被控制量的影响。

④ 通过反复对主、副调节器参数的调节，使系统具有较满意的动、静态性能。用计算机记录此时系统的动态响应曲线。

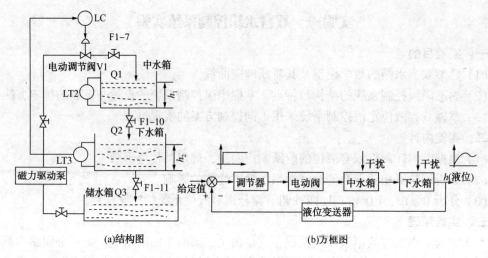

(a)结构图   (b)方框图

图 1 　水箱液位串级控制系统

五、实验仪器、设备

（1）THJ-2 型高级过程控制系统实验装置。

（2）计算机、MCGS 工控组态软件、RS232/485 转换器 1 只、串口线 1 根。

六、实验报告要求

（1）画出水箱液位串级控制系统流程图。

（2）画出水箱液位串级控制系统方框图。

（3）用坐标纸画出系统输出的响应曲线，对此作出评述。

（4）画出中水箱液位随时间变化曲线，求时间常数 T_1。

（5）画出下水箱液位随时间变化曲线，求时间常数 T_2。

七、实验注意事项

（1）磁力泵禁止空转。

（2）强电的接线方法一定要正确。

八、思考题

（1）试述串级控制系统为什么对主扰动（二次扰动）具有很强的抗扰能力？

（2）评述串级控制系统比单回路控制系统的控制质量高的原因？

实验二　温度仪表校验实验

许多工业过程涉及温度测量，温度一般使用传感器和仪表显示。温度仪表安装前要进行校验，此外长时间的使用会降低检测仪表的精度，从而影响生产，因此需要定期检测其精度。

一、实验目的

（1）掌握温度仪表原理、适用范围。

（2）熟悉温度仪表的校验方法。

（3）熟悉电位差计、温度数显表的使用方法。

二、实验内容及步骤

给出工业现场温度设定值，自行选择热电偶、热电阻的型号，设计接线线路，并进行校验。

三、实验仪器、设备

（1）ZX25A 型直流电阻器 1 只。

（2）UJ33-2 型电位差计 1 只。

（3）DY2000 型温度数显表 1 只。

（4）导线若干。

四、实验原理

该实验装置可以分别联接组成配用热电偶、热电阻输入信号的温度仪表显示电路，采用 UJ33-2 型电位差计来模拟工业现场产生的热电偶输出信号，采用 ZX25A 型直流电阻器来模拟工业现场产生的热电阻输出信号，根据测试需要，将温度数显表设定成 E、K、S 等热电偶输入型，也可以设定成 Pt100、Cu50 等电阻输入型，并由温度数显表显示出模拟温度值。查分度对照表，将电位差计显示出的电势值转换成对应的温度值，并与温度数显表显示的温度值进行比较。

五、实验报告要求

（1）写出实验的具体的操作步骤并进行说明。

（2）记录下测量的温度值。

六、实验注意事项

（1）UJ33-2 型电位差计使用 8 节 1.5V 干电池，使用完毕应关闭电源开关，以避免无谓消耗电池，长期不使用时应取出电池，以免电池流出液腐蚀仪表。

（2）电阻器在使用前，应将各种旋钮旋转数次，使开关触点接触良好。

七、思考题

（1）引起测量误差的原因是什么？

（2）用分度号为 S 的热电偶测温，在计算时错用了 K 的分度表，查得的温度为 140℃，问实际温度为多少？

实验三　压力表校验

一、实验目的

（1）熟悉了解各种压力表的基本结构、原理。

（2）学会正确使用活塞压力计校验压力表的方法。

（3）加深对仪表技术性能的理解。

二、实验设备

（1）弹簧管压力表：标准、非标准各一块。

（2）活塞压力计：一台，见图 1。

三、实验内容、步骤与方法

（1）熟悉活塞压力计的结构原理、使用方法及注意事项。

（2）以活塞压力计作标准压力计，用来校准压力表的单向阀，其余阀门关上，然后开始校验。

（3）按被校压力表的量程均匀取 5 个校验点。根据补校压力确定所加砝码，顺时针转动手轮，且边转边轻拨动砝码盘使之升起，直到与指定定位线对齐，油压稳定时为止。记下标准值及补校表的实际指示值。这时逐渐向高压递增侧取各校验点上行读数。然后再次递减，

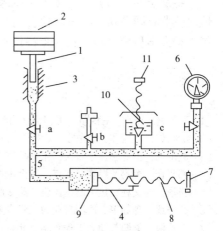

图 1　活塞压力计

1—量活塞；2—砝码；3—活塞柱；4—手摇泵；
5—工作液；6—压力表；7—手轮；8—丝杆；
9—工作活塞；10—油杯；11—进油阀；
a，b，c—切断阀；d—进油阀

砝码盘落下再取放砝码。校完时要

反时针旋转手轮，将砝码盘落下，逐次拿下砝码，最后打开油杯阀排除工作液。

（4）将活塞压力计作压力发生器，校验普通压力表：关闭通砝码盘的单向阀，以切断测量部分通路，在另一个接头上，装好被校表，打开接通两表的单向阀，使油压作用于两表上，比较两表的指示值，进行各校验点上、下行程的校验。

四、实验记录与数据整理计算

实验记录表及数据整理见表1。

表1　实验记录表

	0.2MPa	0.4MPa	0.6MPa	0.8MPa	1.0MPa
正行程信号值					
正行程非线性误差					
反行程信号值					
反行程非线性误差					
变差					

五、注意事项

（1）所选标准的测量上限不应低于被校表的测量上限，必须选用标准表校工业用表，且精度等级要高一个等级以上。

（2）校验点要选表上的粗线点，对于一级以下的压力表校验点至少要有5个。

（3）活塞压力计使用前必须彻底排气，使整个管路全部充油。

（4）校表过程中，应保持被校压力单方向而无跳动的上升或下降，即快到被校点，要慢慢加压或减压；若超过被校点时，应将压力降低或加压后再递增或递减到被校压力点上。

六、思考题

（1）用活塞式压力计校验标准压力表时，应注意哪些问题？

（2）当校验上行值时，发现被校表的示值偏低，结构上如何调整？

（3）环境大气压力对压力表检测是否有影响？为什么？

特别说明：第五章的热工实验部分的报告内容由天津大学化学基础实验中心、上海昌吉地质仪器有限公司、天皇教仪公司、哈尔滨工业大学攻达实验设备公司、中国人民解放军海军工程大学科贸公司、长沙奔特仪器厂等设备厂家提供。

参 考 文 献

[1] 归柯庭，汪军，王秋颖．工程流体力学(第二版)．北京：科学出版社，2012

[2] 战洪仁，寇丽萍，张先珍，王翠华．工程热力学基础．北京：中国石化出版社，2009

[3] 战洪仁，王立鹏，李雅侠，张先珍．工程传热学基础．北京：中国石化出版社，2014

[4] 韩昭仓．燃料及燃烧．北京：冶金工业出版社，2016

[5] 张华，赵文柱．热工测量仪表，第2版．北京：冶金工业出版社，2006

[6] 金秀慧，孙如军．能源与动力工程专业课程实验指导书．北京：冶金工业出版社．2017

[7] 仝永娟．能源与动力工程实验．北京：冶金工业出版社，2016

[8] 严兆大．热能与动力工程测试技术，第2版．北京：机械工业出版社，2005

[9] 厉玉鸣．化工仪表及自动化，第4版．北京：化学工业出版社，2006

[10] 郭美荣，俞爱辉，高婷．热工实验．北京：冶金工业出版社，2015

[11] 邢桂菊，黄素逸．热工实验原理和技术．北京：冶金工业出版社，2013

[12] 赵庆国，陈永昌，夏国栋．热能与动力工程测试技术．北京：化学工业出版社，2006

[13] 施明恒，薛宗荣．热工实验的原理和技术．南京：东南大学出版社，1992